선생님이
가르쳐주지않는
재미있는
수학

지은이 · 나카다 노리오　　옮긴이 · 홍영의

동해출판

머리말

수나 모양(형태)에 대한 단순한 놀라움에서

홈런 경쟁!

1935년 베이브 루스(Babe Ruth)가 친 714개의
홈런 기록을 1974년 행크 아론(Hank Aaron)이
715개의 홈런을 침으로써 대기록이 깨졌다. 이
두 수의 소인수분해를 하고 약수의 합을 구하면
수의 합

$$714 = 2 \times 3 \times 7 \times 17 \Rightarrow 29$$
$$715 = 5 \times 11 \times 13 \Rightarrow 29$$ 어!

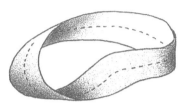

정말 이상한데…?

안팎(앞뒤)이 없는 종이띠

(연필로 점을 따라 그려 나가면
한 번도 종이에서 떼지 않고
원 시발점으로 돌아온다.)

이런 성질을 가진 연속된 정수가 모인 것을 '루스=아론 페어'라 하고, 이것 외에 무한히
존재한다는 것이 증명되었다.

참고 (8, 9)나 (15, 16) 등이 있다.

'고작 홈런 이야기야! 하지만 아주 흥미 있는 수의 이야기다.'

라고 할 것이다. 바로 이 점에 대해 **착안해야 할 것이다.**

우측 상단의 '한 번 비튼 종이띠'는 19세기 독일의 수학자 *뫼비우스(Mobius)에 의해 제
시된 불가사의한 입체(?)이다. 이 형태에 대해서 많은 사람들이 감탄하고 있다. 그러나 잘
생각해 보면 옛날부터 우리 주변에 있는 기계의 회전 벨트 등에서 사용되고 있다는 것을
알 수 있다.

우리의 생활 속에서 무심코 보고 듣는 수자나 형태, 그림에 대해서 문득 **수학의 눈으로**
보았을 때 거기에 '의외로 고급스런 발견'을 하기도 한다. 수학을 싫어하는 사람이라도
'음! 굉장한데…' 하고 감동을 한다. 특히 '보아도 보이지 않는다' 라는 말이 있는데, 이 책
에서는 보통은 못보고 넘기는 것을 '꿰뚫어본다' 라는 것에서부터 출발하고자 한다.

---

*뫼비우스(Mobius)의 띠 : 직사각형으로 된 띠를 180° 회전시켜 양끝을 붙인 곡면, 면이 하나 뿐임.

수학과 학생에 대한 '수학 감동 조사'에서

저자가 사이타마대학 교수 시절, 매년 첫 강의에서 학생들에게 자신의 초·중·고교 시절을 돌이켜보고 '수학의 학습 내용 중 감동한 내용'을 리포트로 제출하도록 했다.

그것을 저자의 5가지 관점에서 정리하여, 다음에 '수학이란 무엇인가?'라는 이야기의 도입 자료로 사용했다.

아래 5가지 관점과 그 예의 일부를 들어보자.

(1) 훌륭하다
① 삼각형의 내각의 합을 구하는 법

3개로 찢는다.
바꿔 나열한다.

② 나무의 높이를 그림자에서 구한다.
③ 로프 하나로 직각을 만들 수 있다.

(2) 이상하다?
① 수가 무한히 있다는 것.
② 0보다 적은 수가 있다는 것.
③ 응용문제가 x로 풀린다는 것.

(3) 잘되어 있다
① 99의 9단에서, 답의 두 자릿수의 합이 모두 9
② 컴퍼스로 곱게 원을 그릴 수 있다.
③ 순환 소수가 분수로 될 수 있다.

(4) 재미있다
① $\frac{10}{10}=1$이나 $0.999\cdots=1$이라는 것.
② $(-1)\times(-1)=(+1)$이 성립된다는 것.
③ 원뿔이 원기둥의 부피와 딱 $\frac{1}{3}$

(5) 한 방 먹었다
① 2의 거듭제곱(2^n)의 대단한 증가법.
　(예)기하급수적으로 급격히 증가하는 것.
② 방정식 $3x-2=2x-3$의 답.
　$3x+3=2x+2$
　$3(x+1)=2(x+1)$
　$\therefore 3=2$
③ 여러 가지 패러독스(Paradox).
　(예)공중에서 한순간 정지하는 화살이 난다.

[여담] 저자는 인수분해의 감동 (1)형태에서 수학을 좋아하게 되었다.

이상은 수학의 소박한 내용이다. 그것들이 초등학생·중학생 때 감동한 기억을 계속 가지고 있었다는 것, 또 이것으로 수학을 좋아하게 되었다고 하는 것은 수학 학습상의 중요한 사항이라 할 수 있을 것이다.

인류는 왜 부지런히 수학을 계속 배웠는가

5000년 남짓한 수학 역사를 보면, 20세기 후반만큼 '수학이 각광을 받은 시대는 없다'고 말할 수 있을 것이다.

바로 50년 전까지만 해도, 저자가 대학을 졸업할 무렵에 '수학과 졸업생의 취직자리는 학교 선생이나 보험회사(계산원) 정도' 였다. 요즘처럼 '컴퓨터 관련 업계를 비롯하여 각 기업에서 서로 스카웃 해 가기' 같은 것은 꿈같은 일이었다.

여기서 과거에 수학을 연구한 사람들의 흐름을 대략 살펴보면

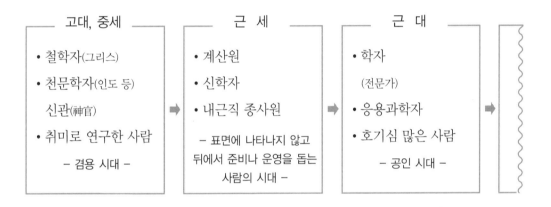

고대, 중세	근 세	근 대	
• 철학자(그리스) • 천문학자(인도 등) 신관(神官) • 취미로 연구한 사람 – 겸용 시대 –	• 계산원 • 신학자 • 내근직 종사원 – 표면에 나타나지 않고 뒤에서 준비나 운영을 돕는 사람의 시대 –	• 학자 (전문가) • 응용과학자 • 호기심 많은 사람 – 공인 시대 –	

한편, '수학' 은 차츰 발전해 가는 과정에서 통합·분화하여 더욱 폭넓어졌는데, 중심이 되는 기둥은 '실용' 과 '학문' 이다. 이 '학문' 의 토대가 되는 정신은 앞에서 말한 **감동적임**에는 변함이 없다.

'뭔가의 도움이 될까가 아니라 재미있기 때문에 생각한다' (무용의 용도).

실용 ⎰ • 일상·사회의 필요
　　 • 타 학문 분야의 이용
　　 ⎱ • 응용 등

학문 ⎰ • 오락성
　　 • 이론화
　　 ⎱ • 창설(창안) 등

이것이야말로 **수학을 배우는 기본**이며 '연필 한 자루, 종이 한 장으로 무한한 시간을 즐길 수 있는' 학문이다.

오로지 열중하고 '음……' 하고 감동을 느껴 보기 바란다.

2001년 6월 6일 —21세기, 음!　　　　**나카다 노리오**

이 책을 읽는 법

나폴레옹이 이끄는 프랑스의 러시아 원정 대군은 모스크바를 점령하고 겨울을 맞았다.

그런데 초토화 작전으로 러시아 군이 퇴각한 이 도시는 건물도 식량도 부족한데다가 무섭게 추운 '동장군'으로 병사들의 고통은 이루 말할 수 없었다. 그때 겨울에 강한 러시아 군의 대반격이 시작되었고, 프랑스 군은 총퇴각하게 되었다.

퇴각을 지원하는 '후위 부대'의 장교 중에는 신예 수학자 *퐁슬레가 있었는데, 그는 중상을 입고 포로가 되어 수용소로 끌려가게 되었다.

2년 가까운 수용소 생활에서 그는 난방용 석탄을 연필로 삼고, 흰 벽을 종이로 삼아 연구중이었던 '사영기하학'을 계속 연구하게 되었는데, 마침내 귀국 후에 그것을 완성시켰다고 한다.

전술한 '연필과 종이' 이야기의 대표적인 예라 할 것이다.

저자는 젊었을 때 이 일화에 감격하여 나다닐 때는 반드시 연필과 종이를 포켓에 넣고 착상을 메모하는 습관을 가졌다. 이러한 습관은 오늘날까지 계속되고 있다.

크게 도움이 되니 독자 여러분도 해 보길……

---

*퐁슬레(Jean Victor Poncelet) : 1788~1867. 프랑스 수학자. 나폴레옹의 러시아 원정에 종군했으나 포로가 되어 수용소에서 사영기하학을 연구, 귀국 후 '도형의 사영적 성질론' 발표.

이 책에서는 수학에 대한 감동, 수학이 갖는 순수한 매력, 또는

• '수학을 좋아하는 사람'이 새삼 큰 발견을

• '수학을 싫어하는 사람'도 예기치 않은 감격을

• '무관심 파'도 '어!' 하고 깨닫는 것을 목표로 하여 오래된 내용에 대해서는 새로운 빛을 보고, 새로운 내용은 알기 쉬운 해설로 풀어 나갈 것이다. 그렇게 하기 위해서 해설 역할을 **박사**(미치 박사 –151페이지), 질문과 대화를 **후데**(붓, 즉 연필)야와 **카미**(종이) 두 사람 (5페이지의 수학은 '연필과 종이'에서 인용)으로 했다.

세 사람의 즐겁고, 때로는 멋진 회화를 통해서 '수학의 매력' '알려지지 않은 발견' 「신이 만들었다」고 하는 실감' 등을 함께 참가하는 형식으로 공부하도록 하면 재미있고 또 효과적이다.

동서고금을 통해 많은 수학자들은 **'수학을 배우는 기쁨'**으로 수학을 계속 연구했다.

예를 들면 일본의 에도 시대의 수학 연구자들은 주군에서 농민에 이르기까지 폭넓게 **'무용의 용도' '학문의 놀이'**로 수학을 즐긴 것이다.

우리도 조상, 선배를 존경하면서 본받도록 하자.

CONTENTS

목 차

Chapter 1 신비를 쫓는 일화

Chapter 2 자연수의 여러 가지 매력

Chapter 3 인공 수의 구성과 그 묘미

Chapter 10 일상의 '평범한 일'에서 얻는 신비

Chapter 11 '속임'의 패러독스 묘기와 꿰뚫어보는 신비

1 신비를 쫓는 일화

Chapter

수학계에서는 '발명' 이라는
말을 사용하지 않는다.
신이 창조한 것을 사람이
찾아내기 때문에 '발견' 이라고
한다.

'만물은 수다' 라고 한 피타고라스

01

미치 박사 | '수의 신비'에 감동한 최초의 사람이라고 하면 고대 그리스의 피타고라스 (기원전 5세기)라 할 수 있지. 그래서 두 사람에게 초보적인 계산으로 감동을 맛볼 수 있도록 해 주겠네. 지금 220과 284에 대해서 각각 모든 약수를 구하고, 약수의 합을 내보도록 해 보게. (단, 자기 자신의 수는 제외한다)

후데야 | 계산을 좋아하는 제가 먼저 해 보겠습니다. 각 수의 약수의 합은

$220 \Rightarrow 1+2+4+5+10+11+20+22+44+55+110=284$

$284 \Rightarrow 1+2+4+71+142=220$

가 미 | 어머, 서로가 상대의 원래 숫자로 나오네요. 신기하다.

미치 박사 | 피타고라스가 이것을 발견하고 *친화수라고 불렀단다.

후데야 | 이런 '수의 짝'은 더 있겠죠?

미치 박사 | 나중에 찾아보고 계속 들어봐.

다음은 *삼각수와 *삼각뿔수에 대한 것인데, '수 1'을 ●나 ◎로 바꿔 놓았을 때 삼각형, 삼각뿔이 되는 수의 '동료'가 되는 거야.

가 미 | 이건 쉬울 것 같아요. 제가 해 볼게요.

삼각수 (평면)

1   3   6……
(2, 3, 4……로 증가한다.)

삼각뿔수 (입체)

1   4   10……
(삼각수 씩 늘어난다.)

---

*친화수 : 두 개의 자연수 중 한쪽의 모든 약수(그 수 자신은 제외함)의 합이 다른 쪽 수 자체와 같아지는 수를 말함. 위에서 220과 284는 친화수이다.

*삼각수 : 자연수를 차례로 더함으로써 형성되는 수. $a_n=1+2+3+\cdots\cdots n=\dfrac{n(n+1)}{2}$

 예 $3(=1+2)$, $6(=1+2+3)$, $10(=1+2+3+4)$……

*삼각뿔수 : 밑면이 삼각형인 각뿔.

이렇게 하면 되는 거죠? 수와 도형의 재미있는 관계의 발견이네요.

미치 박사 | 그 외에 아직도 여러 가지 발견을 하고 있지. 아무것도 아닌 수가 갖는 어떤 성질의 발견에 흥미를 가진 피타고라스가 대단하지 않니? 하긴 그는 철학자로 '만물은 수다'라고 주창한 사상의 소유주자니까…

현 크로네 시내의 도서관에서

가 미 | 그래서 음악의 음계를 분수(정수의 비)로 나타냈다고 하는군요.

미치 박사 | 철학이라기보다 '신앙'이라 해도 좋을 거야. 에게 해의 사모스 섬에서 태어났는데 후에 종교상의 문제로 추방되어, 당시 식민지였던 남 이탈리아의 '크레토네'(오른쪽 지도와 사진)에 학교(교단)를 설립하고 연구와 제자 양성에 전념했지.

현 크로네 교외의 학교 유적

후데야 | 그곳 신전의 포석으로 유명한 '피타고라스의 정리'(삼평방의 정리 : '피타고라스 정리'의 구 용어)를 발견했다는 거죠? 그건 삼각수나 삼각뿔수와 같은 '수와 도형'의 관계로써 당시에는 대발견이었죠.

미치 박사 | '감격해서 신에게 황소를 바쳤다'고 전해진다. 다만 종교가이기 때문에 밀가루 같은 것으로 하지 않았을까 하는데… 어쨌든 이곳에서 **피타고라스 수**(33페이지 참조)가 탄생했지. 하지만 3 : 4 : 5 이외에 무한히 만들 수 있으니, 정말 재미있지 않니?

어떤 문제!

(1) '신이 실수로 만든 수이기 때문에 누설 금지'라고 그가 제자에게 엄격히 말한 수가 있다. 이 수는 어떤 수인가?   (2) 사각수, 사각뿔수의 수열을 만들어라.

'신의 입체'에 감동한 아르키메데스와 세잔느

02

후데야 | 박사님은 수학 이야기에 마구 '신'을 등장시키시는데, 전에 어떤 나라의 수상이 말한 '신의 나라' 발언으로 문제가 된 신이나 종교상의 신과는 다른 거죠?

미치 박사 | '초인간' 적인 존재를 그렇게 부르고 있지. 즉, 인간의 능력을 훨씬 능가한 존재로, 종교와는 관계가 없는 거야.

가 미 | '수학자는 철학자' 라고 앞에서 박사님이 말씀하셨는데 어떤 의미에서 사고의 예술가라고도 말할 수 있을 것 같아요. 수, 계산, 도형, 논리 그런 것의 '미'를 추구해 나가는 사람들이라고 생각하면 되나요?

미치 박사 | 가미는, 제법 잘 알고 있군. 과연 예술가를 지향하고 있는 사람답구나.

후데야 | 저는 이공계지만 물리학자, 수학자로 유명한 '아르키메데스의 죽음(기원전 3세기)은 제게 너무나도 슬프고 감동적인 일화로 남아 있어요.

가 미 | 그리스 인으로, 목욕 중에 부력을 발견하고 너무 기뻐서 시내를 발가벗고 뛰었다녔는 원조 스트리킹의 아저씨?

후데야 | 내가 존경하는 사람에 대해 너무 심한 말로 표현하는군.
그분은 어느 날, 바닥에 원을 그려 놓고 연구를 하고 있는데, 로마 병사가 들어와서 그 원을 밟은 거야. 그 바람에 화를 냈더니 로마 병사가 창으로 찔러 죽임을 당했지(시칠리아섬). '수학 공부는 죽음의 공포도 이길 수 있다!' 는 부분에서 그만 감동을 받았어. 그후 로마의 장군은 그의 죽음을 슬퍼하여 그가 생전에 애호했던 입체(오른쪽 도형) 모양의 묘를 만들어 주었다고 해.

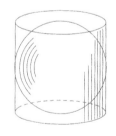

아르키메데스의 묘

미치 박사 | 상당히 상세한 '아르키메데스의 이야기', 정말 고맙군!
그런데 이 묘의 모양을 왜 아르키메데스가 좋아했는지 알고 있나?

후데야 | 제게 맡겨 주세요. 저도 좋아하는 입체이니까요. 원기둥에 딱 들어가 맞는 구에서는 구와 원기둥의 표면적의 비가 2 : 3, 부피의 비도 2 : 3이라는 거죠. 어떻습니까, 박사님! 이 계산에서 원주율이라는 무한이 관계하고 있는데도, 실로 훌륭하고 상쾌한 **아름다운 비**가 아닙니까?

미치 박사 | 옳은 말이야. 여기서 세잔느가 등장하지!

가 미 | 19세기의 프랑스 화가(후기 인상파) 말이죠?

미치 박사 | 그는 다음과 같은 유명한 말을 남겼지.

'자연은 원기둥, 원뿔, 구에 의해 구성되어 있다.'

후데야 | 그 말을 듣고 보니 프랑스 그르노블에서 개최된 제10회 동계 올림픽 경기장이 원뿔이나 구의 에어돔으로 만들어져 화제가 됐다는 것이 생각나요.

미치 박사 | 세잔느의 생몰(태어남과 죽음)지에서 가깝기 때문에 그의 공적을 찬양했을 거야. 여기서 아르키메데스의 묘 내부에 딱 들어가는 원뿔을 생각해 보자구.

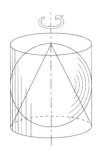

세잔느의 궁극적 입체

가 미 | 세모, 동그라미, 네모를 회전한 입체네요. 평면과 입체의 기본인가요?

후데야 | 과연 신의 입체다.

신비 자연(기본 도형)과 입체의 훌륭한 관계.

어떤 문제!

(1) 오른쪽 위 3개의 입체에서 그 부피의 비를 구하라.

(2) 아름다운 '플라톤의 입체'란 어떤 것인가?

'신의 비례'라는 '미'의 분석

03

가 미 | '미'라는 것은 정서, 감성 그리고 주관적인 것이기 때문에 수학 같은 논리, 이성 그리고 객관적인 것과는 서로 양립하지 못한다고 생각해요. 때문에 '**수학에 미가 있다**'고 하는 것이 너무 이상해요.

미치 박사 | 그런 식으로 말하면 분명히 '미'와 대립적 혹은 대극에 있는 것이라 할 수 있는데, '수학'이라는 학문은 단순히 '이공계'라는 그런 단순한 건 아냐.

후데야 | 그렇겠군요. 수학사를 보더라도

- 수메르, 이집트, 인도 등에서는 신관이 천문학자를 겸하였고
- 그리스, 중국 등에서는 철학자, 논리학자
- 중세 유럽에서는 신학자, 신부, 특히 정치가
- 근대에 와서는 물리, 천문, 항해, 회화, 조각 특히 경제 관계의 사람
- 현대에 와서는 컴퓨터와 관련해서 무한한 영역으로……

폭넓은 사람들이 '직업상 수학을 필요로 하는 관계'로 연구되고 있어요.

미치 박사 | 지금이야말로 모든 학문의 **토대**라는 부분도 있으니까 그 특징이나 성격도 하나가 아닌 거야.

가 미 | 그러니까 '미'란 무엇인가와도 관계가 있는 거네요. 아름다운 꽃, 아름다운 석양, 아름다운 ○○라고 하기보다 '**좀더 깊은 곳의 미**'라고 하는 것이 맞는 걸까요?

미치 박사 | 그러면 '신의 입체'에 이어서 「신의 비례」(15세기의 신학자, 수학자 *파치올리의 책 이름에서)에 대해 이야기해 볼까?

가 미 | 그건 **황금비**를 말하는 거죠. 미술에서 배웠어요.

후데야 | 어떤 비인데?

가 미 | 그림책에 나오는 대표적인 것이

---

*파치올리(Luca Pacioli) 1445-1514. 이탈리아.

- 아테네의 파르테논(Parthenon) 신전
- 파리의 개선문
- 밀로의 비너스

등이 있는데, 직사각형에서는 세로와 가로의 비, 서 있는 것으로는 한 점 상하의 비가 0.6 : 1(또는 1 : 1.6)의 비를 말해요.

미치 박사 | 기원전 4세기 그리스의 '비례논자' 에우독소스 (Eudoxos)가 고안한 것으로, 다음 2차 방정식에서 구할 수 있단다.

선분 AB(길이 1)를 한 점 C에서 끊고 $AC=x$라 하고

$AC^2 = AB \cdot CB$ 즉,

$x^2 = 1(1-x)$

에서 얻을 수 있는 x길이의 점 C를 황금 분할 점이라 하는데, 이 비를 황금비라 하지.

가 미 | '미' 라고 하면서도 상당히 수학적이네요. 왠지 아무런 맛도 멋도 없는 것 같기도 하고…

미치 박사 | 그러면 좀 더 맛있는 식을 가르쳐 줄까? '1' 만으로 이루어져 있는 이 분수(연분수) 같은 것은 어떨까?

후데야 | 식의 모양은 아름다운데요? 아래서부터 계산하는 겁니까?

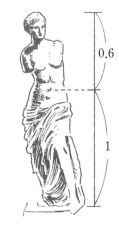

밀로의 비너스의 배꼽

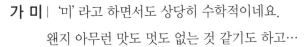

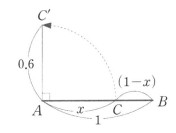

어떤 문제!

(1) 2차 방정식 $x^2 = 1(1-x)$를 풀어서 값을 구하라.

(2) 위의 연분수를 계산하여 답을 구하라(…이하는 버린다).

'신은 기하학 한다'라는 플라톤의 명언

04

가 미 │ 가끔 텔레비전이나 신문 같은 데서 '하늘에서 내려다 본 밭이 아름다운 기하 무늬로 만들어져 있다'거나 '궁전의 바닥이나 벽을 이루고 있는 기하 도안이 대단하다'고 하는 것을 보곤 하는데, 대체 기하란 뭐죠?

아름다운 기하 도안
(터키 블루 모스크의 벽화)

후데야 │ 나도 오랫동안 의문점으로 남겨두고 있어. '좌표 기하' '대수 기하' 등을 배웠기 때문에 도형이라고는 알고 있었지만 올바른 의미는 아직도 모르거든.

미치 박사 │ 그러면서 왜 두 사람은 박사인 내게 묻지 않는 거지?

가 미 │ 그렇게 시시한 익살 부리지 말고 가르쳐 주세요, 박사님.

미치 박사 │ 도형 연구의 학문을 영어로 Geometry라고 하지? geo는 토지, metry는 측량한다, 즉 측량술이 어원이야. 이집트의 측량술이 그리스로 전해지고, 여기서 약 300년에 걸쳐 단순한 기술을 고도의 이론적 '논증학문'으로 완성시킨 거야. 그 유명한 '유클리드 기하학'(올바르게는 원론)이 그것이며, 16세기에 중국으로 전해졌을 때 'geo ⇒ 기하'라고 음과 의미를 맞추다 보니 생긴 용어지. 그러니까 우리나라 사람이 몰라도 이상할 건 없는 거야.

후데야 │ 아, 생각났어요! '기하학을 모르는 사람, 이 문으로 들어가는 것을 금함' 하고 플라톤 학원 입구에 팻말이 서 있었대요. 플라톤(기원전 4세기)은 철학자 소크라테스의 제자였잖아요

가 미 │ 플라톤의 학원은 상당히 엄격했던 것 같아요.

미치 박사 │ 철학을 공부하려면 논리학이 필요하네. 그 기초 학문으로써 기하학이 있었기 때문에 기하학을 못하는 사람이 와도 실력이 처져서 따라갈 수 없었기 때문이야.

플라톤은 그 유명한 '플라톤의 입체'를 연구
했네.

후데야 │ 정다면체로, 다섯 종류가 있어요.

미치 박사 │ 게다가 각각 입체로 면의 중심점을 차례
로 연결하여 내부에 입체를 만들면
정사면체는 정사면체,
정육면체 ↔ 정팔면체,
정12면체 ↔ 정20면체,
라는 쌍대성이 있다는 것도 발견했지.
이 훌륭한 발견에서 '신은 기하학 한다'라는
명언을 남겼네.

가 미 │ 이렇게 아름다운 모양의 입체가 서로 관계를
가지고 있다니, '신의 작품'이라고밖에 생각할
수 없네요.

미치 박사 │ 플라톤 역시 각기둥, 각뿔, 원기둥, 원뿔 등을 연구하거나 기하학을 엄밀히
하기 위해 정의, *공준, 공리 등을 정했지. 이것을 100년 후에 유클리드가 기하학을
완성(앞 페이지)할 때 토대로 삼은 거지.

정사면체

정육면체

정팔면체

정12면체

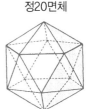
정20면체

---

*공준 : 공리처럼 확실하지는 않지만 이론을 연역으로 전개하는 데 기초가 되는 근본 명제.

어떤 문제!

(1) 정다면체는 왜 다섯 종류밖에 없을까?

(2) 오른쪽 전개도와 같이 도화지로 6개의 입체를 만들고, 정12면체를 조립하라.
그리고 정육면체도 만들어라.

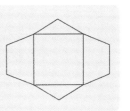

「신의 수」인 피라미드'의 천문 민족 마야

05

미치 박사 | '신의 수'라고 하면 어떤 수라고 생각하나?

가 미 | 수학에서는 많은 '신'이 등장하네요. 저의 이름도 '가미(일본어로 신을 가미라고 함)이
긴 하지만……

후데야 | 저는 '신의 수'를 1년의 365일이 아닌가 하고 생각했어요. 하지만 먼 옛날에는
360이었는데 현재에는 365.2422일이라는, 우수리가 붙은 수이기 때문에 딱 들어
맞지 않아 아닌가 하고 생각하기는 하는데……

미치 박사 | 잘 찾았군! '신의 수'란 365를 말하는 건데, 지금 이야기에서 나오는 1년의
숫자를 옛날에는 어떻게 계산해 냈을까?

후데야 | 여러 가지 방법이 있었다고 들었어요.

(1) 자연 관찰   (2) 해시계   (3) 3장의 널판지

- 어떤 풀의 개화
- 어떤 철새
- 어떤 별의 위치

(구노몬 Gnomon)

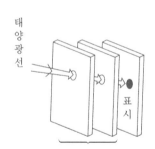

구멍으로 통과 (연2회)

미치 박사 | 잘 알고 있군. 이런 소박한 방법이 제법
정확했네. 오른 쪽에 있는 것을 보라구. 어느
학교 교정에 있는 해시계인데 미세 조정용 그
래프를 사용하여 분 단위까지 정확히 측정한
것을 보고 놀란 적이 있었네.

간이 해시계

후데야 | 지금의 멕시코 부근에서 4∼13세기에 번
영한 마야 민족은 '천문학에 있어서 일류 최
고의 우수한 민족'이라 하던데요.

미치 박사 | 아무튼 변변한 천문 관측기도 없는 시
대에 1년 간의 길이를 365.2420일이라는 것
을 관측했으니 정말 대단한 민족이지.

카라콜 천문대

후데야 | 현대와 17초 차이가 나요.

미치 박사 | 마야 민족이 이용한 '카라콜'(달팽이)이
라는 훌륭한 천문대를 방문한 적이 있었는데,
약 200년 이상 계속 관측했을 거라고 전해지
고 있더구나.

달력으로 사용한 쿠쿨칸 피라미드

가 미 | 치첸이트사(Chichen Itza)에 있는 '쿠쿨
칸'(깃털 달린 뱀)이라는 피라미드는 유명하잖
아요. 쌓아올린 돌계단이 달력 일수와 같은 365개고요.
정사각뿔 모양으로 각 면이 91계단이고, 그리고 최상단에 1개, 즉
$91^단 \times 4 + 1^단 = 365^단$ 정말 굉장해요!

후데야 | 맞아. 쿠쿨칸 피라미드의 계단 숫자 365도 신의 수
$$365 = 10^2 + 11^2 + 12^2 = 13^2 + 14^2$$
놀라운데요! 참으로 모양이 좋게 분해되요. 이상할 정도로……

미치 박사 | 신전이었다고도 전해지는데, 재미있는 피라미드 형태를 하고 있지.

어떤 문제!

(1) 신의 수 365를 주변에서도 찾아볼 수있다. 어떤 것이 있을까?

(2) 달력으로 사용했다는 쿠쿨칸 피라미드는 어떤 방법으로 고안되었는지 생각해 보자.

'원주율'에 일생을 건 루돌프의 35자릿수

06

후데야 | 이름이 따르는 수 중에서도 원주율만큼 지명도(?)가 높은 것은 없을 거예요. 이 것도 '신'과 관계가 있는 걸까요?

미치 박사 | 독일에서는 원주율을 '루돌프의 수'라고 하고 있네. 루돌프는 17세기 독일의 수학자고.

가 미 | 수학자의 이름이 붙은 수라는 것도 있나요?

미치 박사 | 많이 있지. 앞에서 말한 '플라톤의 입체'(21페이지)가 그거지. 그 뒤로 등장하 는 것 중에 여러 가지 흥미가 있는 것이 있다네. 뫼비우스의 띠, 클라인의 항아리, 뷔퐁의 바늘, 가우스의 평면, ⋯⋯.

후데야 | 수학에도 의외로 서민적인 맛을 지니고 있군요. 그런데 원주율의 역사나 수학 안 에서의 위치는 어떻죠?

미치 박사 | 뭐니 뭐니 해도 인류에게 있어서 **동그라미**(원이나 구)는 옛날부터 지금까지 매 우 가까운 존재였을 거야. 태양을 비롯해서⋯⋯. 둥근 것의 둘레나 면적, 부피를 구 할 필요가 일찍부터 있어 왔기 때문에 수메르에서는 3, 이집트에서는 3.16을 사용 했지.

가 미 | 원주율은 초등학교 5학년에서 배우 지만 정수(정의 수), 소수, 분수 등과는 다 른 것이죠?

미치 박사 | 실은 π는 **초월수***라는 고도의 수 로, 이론적으로는 '대학에서 배우는 수' 의 수준이야.

　참고　*19세기 말에 린데만(Ferdinand Lindemann)이 그것을 증명했다.

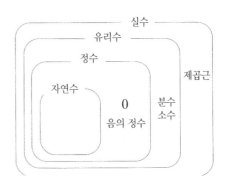

초·중학교에서 배우는 수(벤다이어그램)

후데야 | 분수를 소수로 하면 무한 소수가 되는데, 전부 순환 소수예요. 그러나 원주율은 순환하지 않는 무한 소수죠. 그런데 이론적으로 원주율을 구한 것은 어느 무렵의 누구입니까?

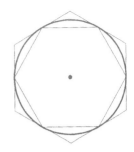

원에 내접 · 외접하는
정다각형

미치 박사 | 기원전 3세기의 아르키메데스야.

원주율이란 원둘레와 지름과의 비가 되겠지? 그것을 (내접 정다각형의 둘레)<(원둘레)<(외접 정다각형의 둘레)에서 계산하지. 실제로는 정96각형까지 구하고, 겨우 3.14를 얻은 거라네.

가 미 | 96각형이면……. 정확히 작도하여 변의 길이를 측정하려면 학교 운동장만큼 넓지 않으면 구할 수 없겠는걸요.

후데야 | 정삼각형이나 정육각형 정도라면 가능하겠지만…… 아르키메데스는 계산상으로 구했겠죠? 계산력이 있는 끈기 있는 사람이네요.

미치 박사 | 여기서부터가 본론이야. 루돌프는 이 방법으로 정2^{62}각형까지 구하고 35자릿수를 얻었는데……, 이를 위해 수십 년을 허비했다고는 하지만 사실은 평생 걸린 거나 마찬가지지. 독일은 루돌프의 이 공적과 유언에 따라 그 원주율의 값을 그의 묘에 새겨 넣도록 했지. 그리고 원주율을 가리켜 '루돌프의 수'라고 명명했고.

후데야 | 헌데 요즘은 컴퓨터로 계산하고 있잖아요.

어떤 문제!

(1) 이집트에서는 '지름 9의 원에서는 그 $\frac{1}{9}$, 즉 1을 뺀 8로 하여 $8 \times 8 = 64$'라는 면적을 얻고 있다. 반지름을 r이라 하여 원주율을 구해 보라.

(2) 현재 원주율은 515억 남짓한 자릿수까지 얻고 있다. 이렇게까지 구해서 무슨 도움이 되는지 생각해 보자.

1 15페이지

(1) 한 변의 크기가 1인 정

사각형의 대각선의 길이

는 $1^2+1^2=x^2$

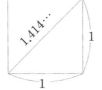

에서 $x=\sqrt{2}$ (음은 취하지 않는다.)

이것은 '정수의 비'로 나타낼 수 없는 수.

(2) 다음과 같이 된다.

사각 수 (제곱 수)

사각뿔 수   1   4   9   …

1   5   14   …

2 17페이지

(1) 원뿔 : 구 : 원기둥 $=1:2:3$

(2) 다섯 가지의 정다면체

3 19페이지

(1) $x^2+x-1=0$ 에서

$$x=\frac{-1\pm\sqrt{1^2-4\cdot1\cdot(-1)}}{2}$$

$$=\frac{-1\pm\sqrt{5}}{2} \quad \left(\begin{array}{c}\sqrt{5}\fallingdotseq2.236\\ \text{음은 취하지 않는다.}\end{array}\right)$$

$$\fallingdotseq 0.618$$

(2) $\dfrac{13}{8}=1.625$

4 21페이지

(1) 오른쪽 위의 표와 같이 5종류밖에 없다. 정

다면체로 하나의 꼭지점을 만드는 조건은 모

이는 정다각형의 각의 합이 360° 미만이니까.

도표		三 60°	四 90°	五 108°	六 120°
한 꼭 지 점 에 모 이 는 다 각 형	1	정4면체 180°	정6면체 270°	정12면체 324°	– 360°
	4	정8면체 240°	– 360°	정20면체 432°	–
	5	정20면체 300°	– 450°	–	–
	6	– 360°	–	–	–

(2) 한 개는 변형의 5면체로 6개의 조로, 정12

면체를 만들 수 있다.

凸 부분을 안쪽으

로 하고 조립하면

정6면체가 된다.

5 23페이지

(1) 트럼프(조커를 1로 한다.)

$$(1+2+3+\cdots\cdots+13)\times4+1$$

(2) 계단 양쪽의 합이 18층으로 1년의 월수. 각

층의 쑥 들어간 것이 52개로, 주기 연수. 하

지, 동지에서 아래 뱀의 그림자가 하늘을 향

해 움직인다, 등.

6 25페이지

(1) (일반 해법) 반지름을 r이라고 하면

$$\left(2r-\frac{2r}{9}\right)^2=\left(\frac{16r}{9}\right)^2=\left(\frac{256}{81}\right)r^2$$

따라서 원주율은 $\dfrac{256}{81}\fallingdotseq3.16$

(2) ① 프로그램의 검토

② 컴퓨터의 기능 체크

③ 난수의 사용 등

2 Chapter

자연수의 여러 가지 매력

고대의 각 민족은 모두 '자연수'를 기호로 나타낼 생각을 했다

나라 \ 계산 숫자	1	2	3	4	5	10	50	100	500	1000
수메르 (바빌로니아)	▼	▼▼	▼▼▼	▼▼ ▼▼	▼▼▼ ▼▼	◄	⫸	◄▼	⫸▼▼	◄▼◄
이집트						∩	∩∩∩	ℓ	ℓℓℓ	⚓
그리스	Ι	ΙΙ	ΙΙΙ	ΙΙΙΙ	Γ	Δ	ΓΔ	Η	Γᴴ	Χ
로 마	I	II	III	IV	V	X	L	C	D	M
중 국	一	二	三	四	五	十	五十	百	五百	千

주 공통점은 '새긴 숫자'.

이에 의해 자릿수 기호 방식이 된다.

수메르는   설형숫자

이집트는   상형숫자

그리스   ⎤
로마   ⎦ 는 셈의 머리글자

중국은   한문 숫자에서

자연수는 신이 창조하셨다. 다음 수는 인간에 의한다!

19세기 독일의 자연수 편애가 크로네커
(Leopold Kronecker:1823-1891 독일 수학자)

'한 개의 수'의 의외의 성질

01

미치 박사 | 어느 날, 한 순간 일본의 인구가 놀랍게도 1^{억}2345^{만}6789명이라는 수의 나열이 되었다고 하더군.

가 미 | 어머, 굉장하다. 멋지네요!

후데야 | 에이~, 단순히 우연한 수의 나열에 불과한 거예요. 재미고 뭐고 아무것도 아니라구요.

가 미 | 흥미를 모르는 사람이네요. 그러면 전에 신문이나 텔레비전에 나왔던 헤이세이(일본 연호) 11년 11월 11일 11시 11분 11초에도 흥미가 없다는 거야?

후데야 | 별로……. 그거 가지고 놀란다면 내 생년월일시가 훨씬 더 신기하지.

어때! 대칭형 나열은.

1983년 3월 8일 9시 1분 ⇒ 19833891

미치 박사 | 수나 수 나열에 대한 흥미와 관심은 사람에 따라 다르겠지. 피타고라스는 정수론자로, 무한 개의 자연수를 여러 가지 시점에서 분류하고 있다네.

가 미 | 2로 나누었을 때 떨어지고 안 떨어지는 것 둘로 나누는 거 아닌가요?

우수(짝수)와 기수(홀수)의 분류요.

후데야 | '짝이냐 홀이냐'.

시대극에 등장하는 '짝, 홀 도박'.

짝이란 우수 (우수리가 없는 것),

홀이란 기수 (우수리가 있는 것)

이것도 마찬가지네요.

미치 박사 | 그럼 또 다른 것은 뭐가 있지?

```
┌─── 무한 개의 자연수로는 무엇이 있을까? ───┐
│  1   2   3   4   5   6   7   8   9   10  │
│                                          │
│ 11  12  13  14  15  16  17  18  19  20   │
│                                          │
│ 21  22  23  24  25  26  27  28  29  30   │
│ ..............                           │
└──────────────────────────────────────────┘
```

굉장하다!

후데야 | 소수냐 아니냐의 분류도 있어요.

  ┌ 1   ─ 약수가 하나인 수
  │ 소수   ─ 1과 자기 자신 외에 약수가 없는 수, 즉 약수 두 개인 수
  └ 합성수 ─ 약수가 세 개 이상의 수

결국은 약수의 개수로 나누는 분류법이죠.

가 미 | 소수를 구하는 법은 *에라토스테네스의 '체(걸러 내는 체)'의 생각으로, 소수 2, 3, 5,……의 순으로 나누어 나가서 남은 것을 주워 내는 방법이군요. (1은 소수도 합성수 도 아니다.)

미치 박사 | 세 번째. 이것은 피타고라스답게 재미있는 것이네. 각 정수에 대해서 그 약수 를 구하고 그 합으로 분류하는 방법이야.

예를 들면 **부족수** (합이 원래보다 작다) $8 > 1+2+4$

　　　　　　 완전수 (합이 원래와 같다)   　$6 = 1+2+3$

　　　　　　 과잉수 (합이 원래보다 크다) $12 < 1+2+3+4+6$

재미있지? 개중에서도 완전수는 오늘날에도 연구 대상이 되고 있네. 오래되고 새로 운 수란 것이지.

─────────────
*에라토스테네스(Eratosthenes) : 기원전 3세기 고대 그리스의 수학, 천문, 지리학자. 지구를 구체로 생각 하고 두 지점의 태양 고도의 차와 거리에서 지구의 원둘레 길이를 산출. '에라토스테네스의 체'로 알려졌다.

어떤 문제!

(1) 원주율의 숫자는 아무렇게나 나열되어 있기 때문에 '난수'에 사용되는데, 도중에서 1∼9까지 정확히 나열되는 부분이 있는지 알아보자.

(2) 완전수는 식 $f(p) = 2^{p-1}(2^p-1)$에서 얻을 수 있다. 3개를 구하라. 주 2^p-1은 소수여야 한다.

'두 개의 수'의 친밀한 관계

02

미치 박사 | 정수 중에는 '루스=아론 페어'(3페이지)나 '친화수'(14페이지)와 같이 어떤 점에서 공통성을 가지고 있는 두 수의 쌍이라는 것이 있다. 이 밖에도 유명한 것이 있는데, 알고들 있나?

후데야 | 저는 수학을 좋아하기는 하지만 잘 생각나지 않는데요.

가 미 | 사람으로 본다면 부모와 자식, 형제자매나 친구, 그리고 쌍둥이 등이 있겠네요.

미치 박사 | 그래, 바로 그거야! 쌍둥이!

가 미 | 문득 생각나서 말한 것인데…… . '쌍둥이 수'라는 것인가요?

미치 박사 | '쌍둥이 소수'라는 페어지. '소수는 무한히 존재한다'는 것은 이미 유클리드 (21페이지)에 의해 증명되었는데,

　　①어떻게 분포되어 있는가　　②일반 공식이 있는가

에 대해서는 아직까지 해결되지 않고 있네. 이 소수에는 연속되는 것이 있는데, 그 것을 '쌍둥이 소수'라 부르고 있지.

가 미 | 쌍둥이 소수의 예를 말씀해 주세요, 박사님!

후데야 | 17과 19, 29와 31과 같은 거죠? 이것도 무한 개인가요?

미치 박사 | 유한인지 무한인지 그 분포 방법도 공식도 아무것도 알려진 게 없어.

　　이상한 수의 쌍이지.

후데야 | 다음의 표가 쌍둥이 소수의 예인가요?

어떤 문제!

(1) 18세기의 수학자 *골드바흐는 다음과 같은 가설을 세웠다.

　　'모든 짝수는 두 개의 소수의 합으로 나타낼 수 있다.'

　　그렇다면 합이 100이 되는 두 개의 소수의 쌍을 3개 들어라.

(2) 1487과 1489는 소수라 할 수 있는가?

$\begin{cases}2\\3\end{cases}$ $\begin{cases}3\\5\end{cases}$ $\begin{cases}5\\7\end{cases}$ $\begin{cases}11\\13\end{cases}$ $\begin{cases}17\\19\end{cases}$ $\begin{cases}29\\31\end{cases}$ $\begin{cases}41\\43\end{cases}$ $\begin{cases}59\\61\end{cases}$

$\begin{cases}71\\73\end{cases}$ $\begin{cases}101\\103\end{cases}$ $\begin{cases}107\\109\end{cases}$ $\begin{cases}137\\139\end{cases}$ $\begin{cases}149\\151\end{cases}$ $\begin{cases}179\\181\end{cases}$ $\begin{cases}191\\193\end{cases}$ $\begin{cases}197\\199\end{cases}$

$\begin{cases}227\\229\end{cases}$ $\begin{cases}239\\241\end{cases}$ $\begin{cases}269\\271\end{cases}$ $\begin{cases}281\\283\end{cases}$ $\begin{cases}311\\313\end{cases}$ $\begin{cases}347\\349\end{cases}$ $\begin{cases}419\\421\end{cases}$ $\begin{cases}431\\433\end{cases}$

$\begin{cases}461\\463\end{cases}$ $\begin{cases}521\\523\end{cases}$ $\begin{cases}569\\571\end{cases}$ $\begin{cases}599\\601\end{cases}$ $\begin{cases}617\\619\end{cases}$ $\begin{cases}641\\643\end{cases}$ $\begin{cases}659\\661\end{cases}$ $\begin{cases}809\\811\end{cases}$

$\begin{cases}821\\823\end{cases}$ $\begin{cases}827\\829\end{cases}$ $\begin{cases}857\\859\end{cases}$ $\begin{cases}881\\883\end{cases}$

상당히 많은데, 누군지 모르지만 끈기가 대단한 것 같아요.

미치 박사 | 오른쪽 표는 '쌍둥이 소수의 분포' 다. 아무튼 큰 것으로는

$\begin{cases}10005629\\10005631\end{cases}$ $\begin{cases}10005509\\10005511\end{cases}$

위와 같은 것이 있다.

가 미 | 이런 것을 조사해서 무슨 의미가 있는 거죠?

신비 사람들이 옛날부터 '흥미를 가진 수'의 존재!

(구간)		– (개)
0 ~ 1000		36
1000 ~ 2000		26
2000 ~ 3000		21
3000 ~ 4000		21
4000 ~ 5000		22
5000 ~ 6000		17
6000 ~ 7000		19
7000 ~ 8000		13
8000 ~ 9000		11
9000 ~ 10000		13

---

*골드바흐(Christian Goldbach 1690-1764) : 프로이센 태생의 수학자 골드바흐가 1742년에 발표한 예상. 7개 이상의 홀수는 3개의 소수의 합으로써 나타낼 수 있고(제1예상), 4개 이상의 짝수는 2개의 소수의 합으로써 나타낼 수 있다(제2예상)는 것. 현재까지도 완전히는 해결되지 않았다.

03

후데야 | 1993년 신문에 「페르마(Pierre de Fermat)의 마지막 정리(대정리)」를 미국 (프린스턴 대학)의 와일즈 교수가 증명했다' 고 보도하고 있던데, 어떤 정리죠?

미치 박사 | 수학상으로는 수준 높은 것이지만 내용은 간단해. 1908년에 독일의 파울 월 스케일이 유언으로 '2007년까지 이 증명을 완성한 자에게 10만 마르크의 상금을 준다' 고 기술한 적도 있고 해서 아주 유명해졌지.

가 미 | 그런데 그 내용이란 어떤 거죠?

미치 박사 | '피타고라스의 정리(삼평방의 정리)' 의 발전이야. 즉,

'n이 세 개 이상의 자연수일 때 $x^n+y^n=z^n$ 은 정의 정수의 해답을 갖지 않는다'

라는 알기 쉬운 문제로 17세기 프랑스의 수학자 페르마가 제출한 것이지.

가 미 | '피타고라스 정리'란 오른쪽 도형에서 $a^2+b^2=c^2$이라는 세 변의 관계로, 피타고 라스가 이것을 증명한 거군요.

미치 박사 | 그래. 게다가 이 관계식에서는 a, b, c 에 대해서 무수한 정수 해답이 있다는 것은 알고 있겠지?

가 미 | 이런 모양새 좋은 관계의 수가 무한히 있 다는 건가요?

후데야 | 예를 들면 $a : b : c = 3 : 4 : 5$ ($3^2+4^2=5^2$)라는 거군요. 그런데 '무수하 게'라는 것은 무엇을 의미하는 거죠?

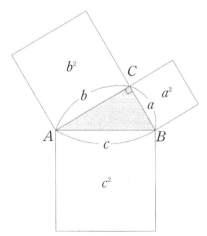

미치 박사 | 피타고라스로부터 100년 후에 플라 톤(20페이지)은 $a^2+b^2=c^2$ 에서 다음과 같은 관계식을 유도했네.

$(2m)^2+(m^2-1)^2=(m^2+1)^2$

이것을 다시 일반화(1을 n으로) 하면 다음 식이 되네.

$$(2mn)^2 + (m^2-n^2)^2 = (m^2+n^2)^2$$

자, 어떤가!

후데야 | 그래서 어떻다는 거죠?

미치 박사 | 3 : 4 : 5 라는 세 개의 수의 비를

피타고라스의 수라고 하는데, 이 밖에

5 : 12 : 13, 20 : 21 : 29 등이 있다는 건 알고 있겠지?

위의 식에서 이런 **피타고라스의 수**를 무한히 만들 수 있는 거라고.

후데야 | 아아, 그런 거군요.

미치 박사 | 아래 표에서 m, n 의 값을 여러 가지로 바꿔서 계산해 봐.

m, n 은 자연수이기 때문에 무한 개 만들 수 있다는 것을 알겠지?

가 미 | 수학자란 멋진 사고 방식을 갖고 있는 것 같아요.

식 ＼ m, n 값	$m=2$ $n=1$	$m=3$ $n=1$	$m=3$ $n=2$	$m=4$ $n=1$
$2mn$	4	6	12	8
m^2-n^2	3	8	5	15
m^2+n^2	5	10	13	17

어떤 문제!

(1) 위의 표를 사용하여 피타고라스의 수를 세 개 만들어라.

(2) '3수법(주어진 세 개의 수에서 네 번째의 비례 수를 찾아내는 것)' 이라는 계산은 어떤 것인가?

'네 개 이상의 수'의 흥미로운 배합

04

후데야 | 1~9를 훌륭하게 배합하는 마방진을 보면 실로 매력을 느껴요. '팔방미인'의 본보기라고 할까……. 마치 가미 같은……. 아니, 신이라고 할까……?

가 미 | 뭐, 팔방미인?

후데야 | 잘 보라고, 3×3의 네모 상자 안에 있는 세 숫자를 가로, 세로, 대각선으로 각각 합하면 모두 15잖아. 이건 기적과 같은 수의 배합이라고.

가 미 | 그러고 보니 대단한 것 같아요.
이건 어느 때 누가 고안한 거죠?

2	9	4
7	5	3
6	1	8

마방진의 대표인 '3방진'

미치 박사 | 분명하지는 않지만 약 5000년 전으로 알고 있네. 흥미로운 건, 동서양이 같은 무렵에 고안됐다는 거야.

[중국]

성제 '우' 시대에 '낙수(황하)에서 아주 커다란 거북이 나타났다. 거북의 등딱지에는 무늬가 있었는데, 이것을 수로 바꾸었더니 마방진이 만들어졌다고 한다.

[이집트]

왕가의 묘로써 피라미드를 건설한 후, 그 입구에 마귀를 쫓는 부적을 만들어 걸었다고 하는데, 이것이 마방진이라고 한다.

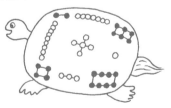

(주) 흑은 짝수 백은 홀수

가 미 | 그럼 '마법의 방진'인가요, '마귀를 쫓는 부적의 방진'인가요?

미치 박사 | 양쪽 다 해당되겠지. 생략하면 똑같은 마방진일뿐이고!

후데야 | 마방진에는 이 3방진 외에 4방진, 5방진 등도 있다고 하던데…….

미치 박사 | 요전에 호화 여객선을 타고 바르셀로나를 여행할 때 그 유명한 가우디의 '성 가족 교회'(미완성)를 들른 적이 있었네.

가 미 | 그 교회는 기발한 건물로, 앞으로 완성될 때까지 몇 백 년이나 걸릴지 모른다죠?

미치 박사 | 그곳의 서쪽 출입구 정면에 뜻밖에도 4방진이 새겨져 있었네.

확대하면

1	14	14	4
11	7	6	9
8	10	10	5
13	2	3	15

성 가족 교회의 서쪽 문 두 인물은 그리스도와 속삭이는 유다이다.   각 합이 33

후데야 | 10과 14가 두 번 나와 있는 것은 변칙 아닌가요?

미치 박사 | 그것은 그리스도의 사망 연령에 맞춘 거라더군. 내 생각으로는 16세기 독일의 화가 *뒤러가 동판화 「멜랑콜리아」에 새긴 마방진(각 합이 34)의 개작이 아닌가 한다.

가 미 | 마방진이 흥미롭지만 단순한 수학 퍼즐이라는 생각이 들어요.

미치 박사 | 하지만 현대에 중요한 역할을 하고 있다는 것을 명심해!

---

*뒤러(Albrecht Durer. 1471-1528) : 독일 르네상스의 최대의 거장으로서 우수한 자연 관찰과 사실성에 의해서 초상화, 풍경화에 장중하고 깊이 있는 정신성을 보였다. 목판화, 동판화에도 걸작을 남겼다.

어떤 문제!

(1) '뒤러의 마방진'을 조사해 보자.

(2) 마방진은 팔방미인, 즉 공평성에 도움이 되고 있는데, 어떤 경우일까?

수가 만드는 '행렬'의 구조

05

미치 박사 | 마방진과 같은 수의 배합을 현대 수학에서는 '행렬'이라 부르고 있네. 영어로는 Matrix 라고 하는데, 이것은 라틴어의 '어머니'(matri) −활자를 만드는 주형＝모(母)형−에게서 나온 말이지. 수학에서의 행렬이란 '직사각형에 나열한 몇 개의 수 전체를 하나의 통합으로 생각한 것'으로 보면 돼.

후데야 | 그 '통합'을 하나의 수처럼 생각하는 겁니까?

미치 박사 | 구체적인 예를 한 가지 들어보지. 그러면 행렬은 결코 어려운 생각도 방법도 아니라는 것을 알 수 있으니까 말이야.

[예] 한 공장의 직원 구성

직별 ＼ 성별	남	여
관리직	8	3
사무직	5	10
작업 관계	30	60

행렬로 하면

$$\begin{pmatrix} 8 & 3 \\ 5 & 10 \\ 30 & 60 \end{pmatrix}$$

가 미 | 아아, 그런 것이라면 주위 가까이에 있는 것도 괜찮죠? 음료수가 든 병과 빈 병에 관한 것…….

＼	개수	내용량
음료수 병	7	100
빈 병	4	120

$$\begin{pmatrix} 7 & 100 \\ 4 & 120 \end{pmatrix}$$

미치 박사 | 여기서 '행렬(Matrix)'을 하나의 수로 가정하자. 지금 초·중·고교 시절에 '새로운 수'를 배운 최초의 도입을 생각해 보면

- 초등학교에서의 소수, 분수
- 중학교에서의 정, 음의 수와 제곱근
- 고등학교에서의 복소수

┌─ 시민권으로의 관문 ─┐

(1) 수의 정의

(2) 상등과 대소

(3) 사칙 연산

(4) 교환, 결합, 분배의 3원칙

어떤 경우에도 오른쪽에 나타낸 '관문'을 통과한 후 수로서 인가(시민권을 얻는다)되어 오는 거지.

후데야 | 그렇게 엄밀하게 공부해 왔다고는 미처 깨닫지 못했지만 생각해 보면 하나하나 그런 확인을 해 왔던 것 같아요.

가 미 | 그럼 행렬이 '수의 동료와 동아리'가 되기 위해서는 위의 네 가지 관문을 통과한다고 할까, 결정하는 것이 필요하겠네요.

미치 박사 | 두 사람 모두 '수학의 마음'이나 '수학 창설'이라는 것을 꽤 알게 되었군.

그럼 그러한 방침에 따라 계속해 보면, 우선은 행렬의 상등과 대소에 대해서 알아보도록 하지.

> —————— 정 의 ——————
>
> **행렬** 몇 개의 수를 직사각형의 모양으로 나열한 수의 배합.
>
> **행과 열** 가로로 나열하는 것을 행, 세로로 나열하는 것을 열이라 한다.
>
> **성분(요소)** 행렬에 포함되는 각각의 수.

가 미 | 앞의 예에서

$$\begin{pmatrix} 8 & 3 \\ 5 & 10 \\ 30 & 60 \end{pmatrix} > \begin{pmatrix} 7 & 100 \\ 4 & 120 \end{pmatrix}$$

라는 대소가 있었어요.

후데야 | 행렬에서 대소는 생각하지 않는 거잖아요.

주 허수의 세계에서도 대소를 생각하지 않는다. ($2i < 3i$ 가 안 된다)

두 개의 행렬이 같다는 것은 '동형인 이상 같은 위치에 있는 성분이 모두 같다'는 거죠.

미치 박사 | 그러면 제3의 사칙연산을 볼까? 우선 덧셈, 뺄셈.

동형인 각 성분에서 같은 위치에 있는 것끼리 계산하면 돼.

예
$$\begin{pmatrix} 5 & 8 \\ 11 & 7 \\ 4 & 3 \end{pmatrix} + \begin{pmatrix} 7 & 10 \\ 9 & 6 \\ 5 & 5 \end{pmatrix} = \begin{pmatrix} 5+7 & 8+10 \\ 11+9 & 7+6 \\ 4+5 & 3+5 \end{pmatrix} = \begin{pmatrix} 12 & 18 \\ 20 & 13 \\ 9 & 8 \end{pmatrix}$$

$$\begin{pmatrix} 5 & 3 \\ 4 & 6 \end{pmatrix} + \begin{pmatrix} 4 & 2 \\ 1 & 3 \end{pmatrix} = \begin{pmatrix} 5-4 & 3-2 \\ 4-1 & 6-3 \end{pmatrix} = \begin{pmatrix} 1 & 1 \\ 3 & 3 \end{pmatrix}$$

가 미 | 저는 무리라고 생각하고 있었는데 이런 식이라면 알 것 같아요.

하지만 곱셈, 나눗셈이 좀 어려울 것 같은데…….

후데야 | 박사님, 영(제로)행렬이니 역행렬 같은 것도 행렬에 나오죠?

여기서부터가 복잡하고 까다롭다는 생각이 든단 말이!

미치 박사 | 그런 것은 뒤로 돌리고 나눗셈부터 생각해 보기로 하지. 우선, 기본은

예 $$3\begin{pmatrix} 2 & 1 \\ 3 & 4 \end{pmatrix} = \begin{pmatrix} 3\cdot2 & 3\cdot1 \\ 3\cdot3 & 3\cdot4 \end{pmatrix} = \begin{pmatrix} 6 & 3 \\ 9 & 12 \end{pmatrix}$$

$$\begin{pmatrix} 2 & 4 \\ 5 & 1 \end{pmatrix}6 = \begin{pmatrix} 2\cdot6 & 4\cdot6 \\ 5\cdot6 & 1\cdot6 \end{pmatrix} = \begin{pmatrix} 12 & 24 \\ 30 & 6 \end{pmatrix}$$

$$\begin{pmatrix} 1 & 2 \\ 3 & 4 \end{pmatrix}^2 = \begin{pmatrix} 1 & 2 \\ 3 & 4 \end{pmatrix}\begin{pmatrix} 1 & 2 \\ 3 & 4 \end{pmatrix} = \begin{pmatrix} 1\cdot1+2\cdot3 & 1\cdot2+2\cdot4 \\ 3\cdot1+4\cdot3 & 3\cdot2+4\cdot4 \end{pmatrix} = \begin{pmatrix} 7 & 10 \\ 15 & 22 \end{pmatrix}$$

등 주 ·은 ×(곱하기)의 약자

후데야 | 그 정도는 너무 간단한 것 같아요. 좀 더 복잡한 것으로 본다면,

예 ① $$(3 \quad 4)\begin{pmatrix} 2 \\ 1 \end{pmatrix} = (3\cdot2+4\cdot1) = 10$$

② $$\begin{pmatrix} 0 \\ 0 \end{pmatrix}(2 \quad 3) = \begin{pmatrix} 0\cdot2 & 0\cdot3 \\ 0\cdot2 & 0\cdot3 \end{pmatrix} = \begin{pmatrix} 0 & 0 \\ 0 & 0 \end{pmatrix}$$

③ $$\begin{pmatrix} 3 & 0 \\ 2 & 6 \end{pmatrix}\begin{pmatrix} 4 & 1 \\ 5 & 2 \end{pmatrix} = \begin{pmatrix} 3\cdot4+0\cdot5 & 3\cdot1+0\cdot2 \\ 2\cdot4+6\cdot5 & 2\cdot1+6\cdot2 \end{pmatrix} = \begin{pmatrix} 12 & 3 \\ 38 & 14 \end{pmatrix}$$

미치 박사 | 잘하는군. 보통 수의 계산에서는 나오지 않는 것이 있네.

예 $$\begin{pmatrix} 0 & 8 \\ 0 & 3 \end{pmatrix}\begin{pmatrix} 2 & 7 \\ 0 & 0 \end{pmatrix} = \begin{pmatrix} 0 & 0 \\ 0 & 0 \end{pmatrix}$$

후데야 | 그리고 보면 교환 법칙이 성립되지 않는 것도 있는 것 같아요.

예 $\begin{pmatrix} 1 & 3 \\ 4 & 5 \end{pmatrix}\begin{pmatrix} 2 & 4 \\ 6 & 1 \end{pmatrix}=\begin{pmatrix} 20 & 7 \\ 38 & 21 \end{pmatrix}$, $\begin{pmatrix} 2 & 4 \\ 6 & 1 \end{pmatrix}\begin{pmatrix} 1 & 3 \\ 4 & 5 \end{pmatrix}=\begin{pmatrix} 18 & 26 \\ 10 & 23 \end{pmatrix}$

주 이 항은 정의 정수 중심이기 때문에 성분이 분수나 음의 수는 다루지 않기로 했다.

가 미 | 이런 묘한 것이 있기 때문에 안심하고 공부하지 못하고 싫증을 느끼는 거예요. 그런데 **역행렬**이라는 것은 뭐예요?

미치 박사 | $5+(-5)=0$에서 -5는 5의 역수, $7\times\dfrac{1}{7}=1$에서 $\dfrac{1}{7}$은 7의 **역수**라고 한다. 이때 0나 1은 **단위원** (반지름이 1인 원)이라고 하는데, 마찬가지로 역행렬을 위해서는 **단위행렬** $\begin{pmatrix} 1 & 0 \\ 0 & 1 \end{pmatrix}$이 있지. 여기서 역행렬이 만들어지는데, 여기서는 더 이상 깊이 들어가지 말도록 하세.

후데야 | '숫자 하나가 세계를 만든다'고 하는데, 다음과 같이 정리해 보면 초·중학교에서 배운 '수의 세계'와는 상당히 다른 것이 있는 것 같아요.

① 대소를 생각하지 않는다. 또 나눗셈도 없다.

② 곱셈의 교환 법칙이 성립되지 않는 경우가 있다.

③ 두 개가 행렬이 아닌데 곱이 영(제로)행렬이 되는 경우가 있다.

　　($A\neq0$, $B\neq0$인데 $A\cdot B=0$)

미치 박사 | 지금까지의 상식을 번복한다는 발견도 수학 공부에서는 매우 중요한 것이지.

어떤 문제!

(1) $\begin{pmatrix} 1 & 2 \\ 3 & 4 \end{pmatrix}=\begin{pmatrix} x+2y & z+2u \\ 3x+4y & 3z+4u \end{pmatrix}$에서 x, y, z, u의 값을 구하라.

(2) $\begin{pmatrix} 4 & 2 \\ 1 & 3 \end{pmatrix}+x=\begin{pmatrix} 5 & 3 \\ 4 & 6 \end{pmatrix}$의 행렬 x를 구하라.

여류 가인도 등장

06

미치 박사 | 자연수의 이야기의 결말은 헤이안 미녀의 등장이다.

'오노노 코마치(794~1192)와 수학', 아니 **문학과 수학**은 관계가 있다고 보는가?

> 꽃의 아름다움도 무상. 꽃이 진다는 것을 알았으면 언젠가 쇠하겠지 하고 각오하여 지금 현재 이 한순간, 한순간을 최선을 다하여 살면 된다.
>
> 코마치

가 미 | 그녀는 헤이안 시대의 가인으로 '*롯가센(六歌仙)'의 한사람이잖아요. 「고금집」 등의 칙찬집에서도 볼 수 있는데, 다음과 같은 노래가 유명하고요.

후데야 | 절세 미인에다 노래를 잘했기 때문에 많은 젊은이들이 결혼해 달라고 따라다니며 졸랐다죠. 끝까지 끈덕지게 따라다닌 사람이 *후카쿠사노 쇼오쇼오(深草少將)였는데, 그 끈기에 결국 오노노 코마치는 '100일 동안 매일 밤 우리 집을 왔다 가면 결혼하겠다'고 약속했다고 해요.

가 미 | 어머, 재미있는 이야기를 알고 있었네. 과연 플레이보이답군! 그래서……?

후데야 | 후카쿠사노 쇼오쇼오는 비 오는 날도 바람 부는 날도 열심히 다녔는데 99일째 되는 날 밤에 병들어 죽고 말았대.

가 미 | 사랑에는 체력도 필요한 거야. 후데야라면 1000일 밤도 끄떡없겠지만……. 그래서……?

후데야 | 그런 실례되는 말을…….

---

*롯가센(六歌仙) : 고금집(古今和歌集) 등 칙찬집(勅撰集)의 서문에 이름이 오른 6명의 가인.

*후카쿠사노 쇼오쇼오(深草少將) : 후카쿠사(교토의 한 지명)에서 오노노 코마치에게 99일 동안 매일 밤 다녀갔다고 하는 전설의 주인공.

결국 오노노 코마치는 독신으로 지내다 늙어서 짬이 나는 대로 후카쿠사노 쇼오쇼오를 생각하면서 100이 되는 계산을 즐겼다고 하는 이야기가 전해지고 있다고. 젊었을 때를 회상하려는 방법 중 하나였던 거지.

가 미 | 그것이 '코마치산(小町算)'이라는 계산이군요. 어떤 건지 가르쳐 줘요, 박사님.

미치 박사 | 그러면 코마치산에 대해 설명하지. 자연수 1~9의 순서는 그대로 두고 이 숫자 앞이나 사이에 +, −, ×, ÷나 ( ) 등을 넣고 식을 만들어 그 계산의 결과가 꼭 100이 되도록 하는 수학 퍼즐이야.

예를 들면

$$123 - \underbrace{(4+5+6+7)}_{-22} + \underbrace{8-9}_{-1} = 123 - 23 = 100$$

라는 식이야.

가 미 | 우리 문과 계통의 사람이라도 도전하고 싶어지는, 언뜻 보기엔 쉬운 퍼즐같아요.

후데야 | 123이라는 식 하나로 해도 된다면 이런 것은 어때요?

$$123 - 45 - 67 + 89 = 100$$

$$123 + 4 - 5 + 67 - 89 = 100$$

가 미 | 그러면 나도…….

$$12 - 3 - 4 + 5 - 6 + 7 + 89 = 100$$

미치 박사 | 지금까지는 +, − 만으로 만들었지. ×나 ÷가 들어간 것도 생각해 보면,

$$123 + 4 \times 5 - 6 \times 7 + 8 - 9 = 100$$

$$1 + 2 \times 3 + 4 \times 5 - 6 + 7 + 8 \times 9 = 100$$

이크, ÷가 빠졌구나!

신비 「도연초」(徒然草. 두 권으로 된 수필, 1330~31년경에 완성)에도 수학 이야기가 나오는데, 문학과 수학이 관련성이 있다는 것이 놀라워!

어떤 문제!

(1) ÷가 들어간 코마치산을 만들어 보라.

(2) $98 - 76 + 54 + 3 + 21 = 100$이라는 역순도 있다. 역순의 예를 2개 만들어 보라.

어떤 문제! 해답

Chapter 2

1 29페이지

(1) 10억 남짓한 자릿수를 얻은 시점(1989년 11월 19일)에서 두 번 있었다.

소수점 이하 523,551자릿수째와 773,349,079자릿수째에서 출현.

(2) $f(3)=2^{3-1}(2^3-1)=28$

$f(5)=2^{5-1}(2^5-1)=496$

$f(7)=2^{7-1}(2^7-1)=8128$

2 31페이지

(1) 3과 97, 11과 89, 17과 83

(2) 1600보다 적기 때문에 $\sqrt{1600}=40$, 40까지의 소수로 나누어지지 않으면 그 수는 소수다 —조사하는 방법—.

1487과 1489는 *쌍둥이 소수.

*쌍둥이 소수 : 3과 7, 17과 19와 같이 서로 이웃하는 홀수가 모두 소수인 것.

3 17페이지

(1) $m=4$, $n=2$로   16 : 12 : 20

$m=4$, $n=3$으로   24 : 7 : 25

$m=5$, $n=1$로   10 : 24 : 26

(2) 삼량법, 비의 3용법이라고도 하며, 고대 각 민족이 사용했다(참조 : 127페이지).

예 (출석률)

=(출석인원)÷(학급 인원수)

전체와 부분의 비율 관계.

주 126페이지에 상세히 설명되어 있다.

4 36페이지

16	3	2	13
5	10	11	8
9	6	7	12
4	15	14	1

(1) 아래 단의 1514가 제작 연도라고 한다. 뒤러의 익살스런 마음이 담겨 있다.

[마법의 수] 원자핵을 만드는 양자나 중성자가 일정한 수라면 잘 부서지지 않는다.

2, 8, 20, 28, 50, 82, 126

의 7개가 현재 알려져 있는 마법의 수다.

(2) 마방진은 농사철에 씨앗 뿌리기, 회사의 인사 배치, 혹은 학급에서의 청소 당번 순 등 공평을 기하기 위해 이용된다(팔방미인은 이런 의미).

5 39페이지

(1) 동형이기 때문에 같은 위치의 성분끼리는 같다. 그러므로 다음 식이 성립된다.

$$\begin{cases} 1=x+2y \\ 2=z+2u \\ 3=3x+4y \\ 4=3z+4u \end{cases}$$

이것을 풀어서

$$\begin{cases} x=1 \quad y=0 \\ z=0 \quad u=1 \end{cases}$$

(2) $\begin{pmatrix} 5 & 3 \\ 4 & 6 \end{pmatrix}+\begin{pmatrix} 4 & 2 \\ 1 & 3 \end{pmatrix}=\begin{pmatrix} 1 & 1 \\ 3 & 3 \end{pmatrix}$

6 41페이지

(1) $(1+2)÷3×4×(56÷7+8+9)=100$

$(123-45)÷6+78+9=100$ 등

(2) $9-8+7+65-4+32-1=100$

$98-7-6+5+4+3+2+1=100$ 등

3 Chapter

인공 수의
구성과 그 묘미

우수리(끝 수)를 나타내는 '분수'와 '소수'

01

미치 박사 | '자연수는 신이 창조하고 나머지 수는 인간이 만들었다' 고 하는 명언을 앞에서 소개했는데, 인간은 왜 분수, 소수라는 기묘한 인공 수를 생각해 냈다고 생각하나?

가 미 | 그것은 하나를 절반으로 나눈다든가 3등분하는 등 '한 개 단위(양)의 끝 수(우수리)' 를 어떻게 할 것인가에서 생긴 거잖아요. 끝 수의 표현 방법으로 분수, 소수 대신에 '양' 이라면 그것보다 적은 단위 — m이라면 cm라든지 — 를 궁리하고 있고요.

후데야 | 분수, 소수는 초등학교 3학년 때 함께 배웠는데, 생긴 것도 같은 무렵인가요?

미치 박사 | 함께 배우기 위해 그렇게 생각하는 사람이 있는데, 터무니없는 얘기지.
아무튼 그것은 나중에 얘기하도록 하고, 그런데 두 사람은 분수의 종류를 알고 있나?

후데야 | 전에 조사해 보니까 굉장히 많았어요. 이런 식이 있었어요.

가 미 | 자연수는 성질로 분류하고, 분수는 모양으로 분류하나요?
주 46페이지와 같이 성질에 의한 분류도 있다.

미치 박사 | 최근 매스컴 등에서 '대학생인데도 분수를 못한다' 는 얘기가 나오더군. 분수를 못한다는 것은 옛날부터도 있었지만……

$$
\text{단분수}
\begin{cases}
\text{진분수}
\begin{cases}
\text{단위분수} \quad \dfrac{1}{6} \ \text{(분자가 하나)} \\
\text{진분수} \quad \dfrac{5}{7}
\end{cases} \\
\text{가분수}
\begin{cases}
\text{대분수} \quad 2\dfrac{3}{4} \\
\text{가분수} \quad \dfrac{10}{3}, \dfrac{5}{5}
\end{cases}
\end{cases}
$$

$$
\text{복분수}
\begin{cases}
\text{번분수} \quad \dfrac{\frac{5}{5}}{\frac{5}{5}}, \dfrac{\frac{4}{9}}{11} \\
\text{연분수} \quad \cfrac{1}{1+\cfrac{1}{2+\cfrac{1}{3+\cfrac{1}{4+\cdots}}}}
\end{cases}
$$

가 미 | 분수의 뭐가 어려운 거죠?

하긴 저도 애먹던 생각이 나지만…….

미치 박사 | 후데야가 한번 설명해 볼 수 있겠나?

후데야 | 네. 이전에 생각해 본 것인데, '분수가 난해한 이유'는 이런 것 때문인 것 같아요.

⑴ 자연수와 같이 한 개의 숫자로 나타낼 수 없다.

⑵ 한 개의 수가 무한 개의 형태로 나타낼 수 있다. 예를 들면,

$\dfrac{2}{3} = \dfrac{4}{6} = \dfrac{6}{9} = \cdots$ (이것은 편리하면서도 불편하다.)

⑶ 분모가 다른 2개 이상의 분수에서는 그 대소를 알기가 곤란하다.

⑷ 일반적으로 사칙 계산을 간단히 할 수 없다.

⑸ $\dfrac{10}{2}$, $\dfrac{12}{4}$ 같은 것은 정수와의 구별이 어렵다.

하지만 제일 어려운 점은 계산이겠죠.

미치 박사 | 오래된 수학 역사를 보더라도 고대의 사람들도 고심한 부분이지. 옛날 사람들이 애먹은 것은 역시 현대인에게도 어려운 거야.

우선 ⑴의 '수의 표기' 말인데, 대표적인 고대 민족은

• 수메르 민족은 분모를 60으로 일정하게 하고 분자만을 쓴다.

　60진분수　(이것은 후세에 '소수'를 탄생시켰다.)

• 이집트 민족은 분자를 1로 일정하게 하고 분모만 쓴다.

　단위분수　($\dfrac{2}{3}$만 예외)

• 그리스 민족은 알파벳 위에 대시($'$) 표시. 한 개의 글자로 나타낸다.

　$\beta'\ \dfrac{1}{2}$, $\gamma'\ \dfrac{1}{3}$, $\delta\ \dfrac{1}{4}$ …… (단위분수 방식)

• 중국 민족은 1세기경에 분자, 분모라는 말을 사용, 3분의 2 라는 식으로 문장에 표현되어 있다.

가 미 | 즉, 분자나 분모 어느 한쪽을 일정하게 하고, 다른 쪽의 숫자만 표기한 거군요.

미치 박사 | 세계에서 가장 오래된 현존하는 수학서라고 하는 이집트의 「아메스 파피루스(Ahmes papyrus)–(기원전 17세기)」에는 '분수의 표'가 많이 나와 있네. 당시의 사람들도 분수 계산에는 애를 먹었던 모양이야.

후데야 | 한 마디로 분수라고 해도 여러 가지 성질이 있잖습니까? 분수로만 나타내는 것이라면 모두가 간단하겠지만 대소나 계산이라 하게 되면 갑자기 어려워져요.

미치 박사 | 후데야가 분수에 대해 자세히 알고있군. 그러면 말이 나온 김에 소수의 설명도 해 보게나.

가 미 | 소수는 어느 때, 어떤 필요로 누가 고안한 것인지 가르쳐 주세요.

후데야 | 만약 잘못된 것이 있으면 박사님께서 정정해 주세요. 때는 16세기, 창안자는 네덜란드의 스테빈. 그는 군대에서 경리 부장을 맡고 있으면서 금전 계산 등으로 매일 분수 계산에 애먹고 있어요. 그래서 10진법의 편리함에 착안하여 수메르 방식을 채용, 60 대신에 10을 사용하여 **'소수'** (10진분수)를 고안했다는 것이에요.

미치 박사 | 60진법을 대신하여 당시 겨우 인도 ─ 아라비아 식 '10진법' 이 유럽에 전해졌기 때문에 한창 고생하고 있던 스테빈(Simon Stevin. 네덜란드의 수학자, 물리학자)이 이것을 이용했다는 것이다. 1585년 「La Disme」(소수산)이라는 책을 출판하기도 했단다.

    ─도량형의 10진법도 제안했다─

    주 $5°\ 7'\ 3''$ 등은 5도 7분 3초라 읽는다.

가 미 | 오른쪽 표와 같이 소수점은 처음부터 있었던 것은 아니었잖아요.

분할분수 $\frac{2}{3}$ (3개로 나눈 2개)

양 분 수 $\frac{1}{5}\,l,\ \frac{4}{7}\,m$

비율분수 $\frac{3}{4}$ (75퍼센트를 말함)

상 분 수 $\frac{3}{7}$ ($3 \div 7$의 답)

소수 표기의 경위

미치 박사 | 하지만 초기의 스테빈 식으로는 계산이 쉽지 않을 거야.

개량되어 소수점까지 도달하는 데 30년이나 걸렸거든. 먼 옛날 수메르에서 이용한 시간, 각도의 60진법이 바탕이 되었다는 것은 흥미 있는 이야기지.

후데야 | 저는 분수와 소수의 관계에 대해 흥미를 갖고 있어요. 분수보다 소수 쪽의 세계가 넓잖아요.

신비 '수의 발전' 이것도 하나의 문화.

어떤 문제!

(1) 다음 각 분수를 다른 단위분수의 합으로 나타내라.

① $\dfrac{3}{4}$ ② $\dfrac{2}{5}$ ③ $\dfrac{7}{8}$

(2) 다음 각 소수를 분수의 형태로 고쳐라.

① 0.24   ② 3.08   ③ 0.741741……(0.7̇4̇1̇이라고도 쓴다)

0과 ∞의 비슷한 점, 다른 점

02

가 미 | 음이 아닌 정수의 최소 0과 무한대에서는 ∞를 00으로 하면 비슷하죠. 무한소 0, 무한대 00 같은 건 어때요?

후데야 | 과연 문과 출신다운 발상이군. 나는 그런 것을 생각해 본 적도 없는데.

가 미 | 하지만 0은 수이지만 ∞는 수가 아니라고 들은 적이 있기 때문에 비슷하지 않나 하는 생각도 해 봐요.

미치 박사 | 0도 ∞도 인공 수(물건)라는 점에서는 같다고 보네. '0부터의 출발'이니 '1부터 다시 시작'이라고 말하듯이 0은 음이 아닌 정수의 세계에서는 최소이고 출발점인 셈이지. 한편, ∞는 수를 나타내는 것이 아니라 하나의 표시라네.

후데야 | 0은 인도에서 5세기경에 생각해 냈다고 하는데, 처음에는 '아무것도 없는 표시'로써 사용되다가 6세기경에 수로써 계산 규칙이 만들어졌다고 해요.

> 참고 0지점과 배꼽 – 배꼽은 달리 출발점일 때는 0지점이 된다. –

> ### 기호 ∞
>
> 1665년 월리스(Wallis)가 창안했다. 1000의 로마 숫자(옛 글자)에서 힌트를 얻었다.

JR도쿄 역(중앙선)의
0지점

교토의 중심 육각당의 배꼽

벨기에 브루셀 시 청사에 있는 별 모양의 배꼽

가 미 | 분수의 $\frac{1}{2}$ 은 절반, $\frac{2}{3}$ 는 3등분한 것의 2개라고

할 때 이것을 나타내는 표시로 $\frac{1}{2}+\frac{2}{3}$ 라는 계산

이 되면 각각 수로써 활약하게 되는 것과 비슷하

네요.

> 0와 ∞ 대신
> $$\lim_{n \to \infty} = \frac{1}{n} = 0$$

미치 박사 | 글쎄, 대략적으로는 그런 생각을 해도 좋을 거야.

후데야 | 그러면 언젠가는 다음과 같은 계산도 가능하게 되겠네요.

$$0+0=0 \qquad\qquad \infty+\infty=2\infty$$
$$0-0=0 \qquad\qquad \infty-\infty=0$$
$$0\times 0=0 \text{ 또는 } 0^2 \quad \infty\times\infty=\infty^2$$
$$0\div 0=0 \text{ 또는 } 1 \quad \infty\div\infty=1$$

가 미 | 모처럼 알 것 같다는 생각이 들었는데 제 머리가 또 다시 혼란스러워져요. 후데야

는 정말 짓궂어! 이 계산에서 어떤 것이 맞고 어떤 것이 틀렸는지 가르쳐 줘 봐!

후데야 | 솔직히 말해서 나도 몰라. 박사님이 좀 가르쳐 주세요.

미치 박사 | 이것은 수학의 재미, 불가사의의 세계 중 하나라고 할 수 있지. 0에 대한 사

칙은 이미 6세기에 완성되었지만 ∞는 17세기의 탄생물이고…… 하지만 수는 아

냐. 때문에 **수의 룰**을 적용하려고 해서는 안 될 거야. 결론적으로 ∞의 계산은 생각

할 수 없는 것이란 말씀!

어떤 문제!

(1) $\lim\limits_{n\to\infty}\dfrac{1}{n}=0$의 의미를 설명하라.

(2) $0\div 0$의 답은 어떻게 되는가?

'신이 실수한 수'라 일컬어진 제곱근의 수

03

가 미 | '만물은 수다' — 모든 것은 정수나 그 비로 나타낼 수 있다 — 라고 말한 피타고라스가 '이것은 신이 실수하여 창조한 수'라고 하여 제자에게 '아로곤'(입 밖에 내지 마라!) 하고 누설을 금했다(13페이지)고 하는데 그 수는 어떤 수죠?

후데야 | 피타고라스가 그 유명한 '피타고라스 정리'를 발견함과 동시에 비순환 무한소수인 **제곱근의 수**를 발견한 것 아닌가요?

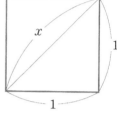

$$1^2 + 1^2 = x^2$$
즉, $x^2 = 2$

$$1^2 < x^2 < 2^2$$
$$1.4^2 < x^2 < 1.5^2$$
$$1.41^2 < x^2 < 1.42^2$$
$$\cdots\cdots$$

이렇게 조사해 나가면 $x = 1.41421356\cdots\cdots$(즉, $\sqrt{2}$)와 같이 순환하지 않는 무한소수라는 것이죠.

미치 박사 | '새로 발견된 수'가 정수나 정수의 비로 나타낼 수 있다는 것을 나타내기 위해서는 순환소수인지 유한소수인지 알면 된다. 그것들은 분수로 나타낼 수 있으니까 말야. 후데야의 방법은 순환소수가 아님을 나타내는 거야.

유한소수가 아님을 나타내기 위해서는 어떻게 하면 될까?

후데야 | 지금, 유한소수였다고 하면 '끝 수'가 있죠. 그 유한소수를 2제곱 해서 이것이 2가 되기 위해서는…….

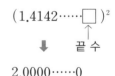

$$(1.4142\cdots\cdots\square\,)^2$$
↑
끝 수
↓
$$2.0000\cdots\cdots 0$$

가 미 | □에 들어가는 수로 '2제곱해서 0'이 되는 것이라면

$$1^2 = 1, \ 2^2 = 4, \ 3^2 = 9, \ 4^2 = 16, \ 5^2 = 25, \ 6^2 = 36$$
$$7^2 = 49, \ 8^2 = 64, \ 9^2 = 81, \ 0^2 = 0$$

이 되고, 0 이외에는 없어요. 그러면 □는 0이고, 그 앞의 수도 같은 이유로 0, 이것

이 점점 거슬러 올라가서……, 즉 끝 수가 없는 건가요?

미치 박사 | 제법 예리한 면이 있군. 이러한 추론을 **배리법**이라고 한단다.

이상에서 '이 x의 값은 유리수가 아니다' 라는 것이 설명된 거야. 엄밀한 증명은 아니지만…….

후데야 | 하지만 이 무리수는 200년 후의 '유클리드 기하학' (원론)에 들어가 있으니까 결국은 고대 그리스에서는 수로써 인정한 거겠네요?

미치 박사 | 그렇지. 그러면 시민권에 대한 관문 '수의 관문' 을 보도록 할까?

후데야 | 정리하면 오른쪽과 같아요. (35페이지 참조)

그 다음 교환, 결합, 분배의 3법칙의 확인이 있는데 이것이 모두 성립되죠.

가 미 | 이것으로 '수' 로써의 시민권을 얻은 거네요. 수고하셨어요. 호호호!

신비 '아로곤의 수' 도 '보통의 수' 로 된다.

정의	$a(a \geqq 0)$로 $x^2 = a$ 가 되는 수 x를 a의 제곱근이라고 한다
상등	$a = b$라면 $\sqrt{a} = \sqrt{b}$
대소	$a > b$라면 $\sqrt{a} > \sqrt{b}$ $\sqrt{0} = 0$
사칙	$\sqrt{a} \pm \sqrt{b} = \sqrt{a \pm b}$ $\sqrt{a} \times \sqrt{b} = \sqrt{ab}$ $\sqrt{a} \div \sqrt{b} = \sqrt{\dfrac{a}{b}}$

어떤 문제!

(1) $\sqrt{2}$가 분수 $\dfrac{a}{b}$ (a, b는 서로 소수이다)로 나타낼 수 없음을 증명하라.

(2) 제곱근 수 $\sqrt{2}$, $\sqrt{3}$, $\sqrt{4}$, … 의 길이를 도형에서 구하라.

대수적 수의 종착점 '복소수'

04

가 미 | '수학은 대수, 기하' 등과 같이 말하는데, 대수라는 것은 어떤 거예요?

미치 박사 | 대수라는 것은 수나 문자에 대해서 연산 +, −, ×, ÷, $\sqrt{}$ 의 조작을 하는 것을 말해.

가 미 | 그럼 연산과 계산은 어떻게 다르죠?

미치 박사 | 연산이란 두 개의 수에 대해서 '이렇게 하라'는 조작의 명령이야. 위의 다섯 개 외에 | |절대치, 공약수, 공배수, sin, log 등, 또 미분이나 적분 등도 있어. **계산**은 연산에 따라서 조작(작업)을 하는 것을 말하네.

가 미 | 좀 까다롭네요. 그러면 '대수적 수'라는 게 뭐예요?

미치 박사 | 왼쪽의 벤다이어그램으로 나타내는 다섯 개의 수. '대수 계산에서 나온 수'라고 할까.

후데야 | 이것들은 '방정식에서도 나온다'고 할 수 있겠네요. 그런데 대수적 수는 '복소수로 끝나는' 겁니까?

미치 박사 | 그 전에 4원수, 8원수라는 인공수가 만들어져 있지만, 일반적으로는 종착점이라고도 할 수 있을 거야.

방정식과 풀이

(방정식)	(답과 그 수)
$x+3=8$	$x=5$
$x+5=2$	$x=-3$
$7x=4$	$x=\dfrac{4}{7}$
$x^2=9$	$x=\pm 3$
$x^2=5$	$x=\pm\sqrt{5}$
$x^2=-2$	$x=\pm\sqrt{2}i$
$x^2+x=-1$	$x=-1\pm\dfrac{\sqrt{3}i}{7}$

수와 연산

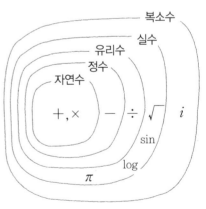

가 미 | 앞에 나온 무리수와 이번에 나오는 허수
　　는 상당히 까다로운 용어네요.

미치 박사 | 둘다 중국어에서 전래된 말이기 때문
　　에 어쩔 도리가 없단다.

　　　무리수　*ir-rational number*

　　　　　(부정)　　유리수

　　　허수　　*imaginary number*

　　　　　　(상상)

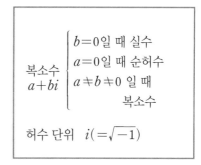

복소수
$a+bi$ $\begin{cases} b=0\text{일 때 실수} \\ a=0\text{일 때 순허수} \\ a \neq b \neq 0 \text{ 일 때} \\ \quad\quad \text{복소수} \end{cases}$

허수 단위　$i\,(=\sqrt{-1})$

후데야 | 허상이든 상상이든, 또는 이미지라 하더라도 '실재하지 않는 것'이라는 거잖습
　　니까. 거기까지는 수학상에서도 (실수)²=(음의 수) 등은 생각하지 않으니까요.

미치 박사 | 허수의 존재는 6세기경 인도에서 발견되었네. 2차 방정식을 풀면 나오는데,
　　그들은 그것을 '실재하지 않는다'고 버렸지. 그런데 16세 경에 이탈리아에서 3차
　　방정식을 풀게 되자 푸는 도중에 허수가 나온 거야. 이대로 계산하면 '실수의 해답'
　　을 얻을 수 있다는 것을 발견하고, 이와 관련해서 허수를 수로써 인정하기로 한 거
　　지. 필요하기 때문에……

가 미 | 하지만 '실존하지 않는 수'임에는 변함이 없잖아요.

미치 박사 | 그런데 음의 수를 16세기의 데카르트
　　가 수직선에서 나타낸 것처럼, 19세기의 가
　　우스가 복소수 평면에 의해 눈에 보이도록
　　나타냈지. 참으로 머리가 대단해!

후데야 | 수학의 세계에서는 아직까지 '실존하지
　　않는 수'로써 있지만, 전기 관계에서는 보통
　　의 수처럼 취급하고 있다고 들었어요. 재미
　　있네요.

가 미 | 그러면 어서 0과 같은 **수의 관문**을 통과해
　　보도록 해요. 베테랑인 후데야, 어서요!

복소평면 (가우스 평면)

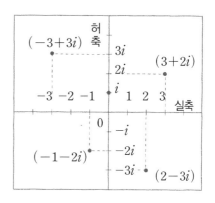

그래프에 의한 복소수의 실재(시각)화

후데야 | 그럼, 해 보도록 하겠습니다.

분수와 마찬가지로 하나의 수를 두 개의 수로 나타내기 때문에 번거로운 점이 있어요.

예를 들면

$a+bi=0$일 때는

$a=0$ 또한 $b=0$

또 지금까지의 수에는 거의 없었던 기묘한 대소도 없고요. 사칙도 복잡하지만 모두 성립돼요. '두 개의 복소수의 사칙 결과는 또 복소수(0으로 나누는 것은 제외한다)가 되고, 또 계산 3법칙도 성립되기 때문에 무사히 관문을 통과할 수 있게 되었네요.

가 미 | 마침내 종착점의 수도 시민권을 얻었네요. 다행이에요!

미치 박사 | 자, 그럼 모처럼 이야기를 좀 더 진전시켜 볼까? 이것은 가우스의 훌륭한 연구 중의 하나네. 순3차, 4차 방정식 $x^3-1=0$, $x^4-1=0$ 의 좌변을 인수분해 해 보도록!

후데야 | $x^3-1=(x-1)(x^2+x+1)=0$

$x^4-1=(x^2-1)(x^2+1)=0$ 이기 때문에

$(x-1)(x+1)(x-i)(x+i)=0$

미치 박사 | 그러면 해답은, 복소수까지 펼치면

3차 방정식이 1, $\dfrac{-1\pm\sqrt{3}i}{2}$

4차 방정식이 ±1, $\pm i$

정의	a, b를 실수로써 $a+bi$로 나타나는 수(i는 허수 단위)
상등	$a+bi=c+di$ 일 때 $a=c$, $b=d$
대소	생각하지 않는다. (대소를 정하면 모순이 생긴다.)

사칙

가감
$$(a+bi)\pm(c+di)=(a+c)\pm(b+d)i$$

곱셈
$$(a+bi)(c+di)=(ac-bd)+(ad+bc)i$$

나눗셈
$$\frac{a+bi}{c+di}=\frac{(a+bi)(c+di)}{c^2+d^2}$$
$$=\frac{ac+bd}{c^2+d^2}+\frac{bc+ad}{c^2+d^2}i$$

주 $i^2=-1$

$a+bi$와 $a-bi$를 서로 같은 역할인 복소수라 한다.

$(a+bi)(a-bi)=a^2+b^2$도 된다.

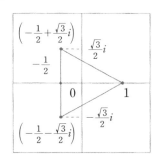

그런데 이들을 복소수 평면상에 그리면 어떻게 될까?
정삼각형과 정사각형.

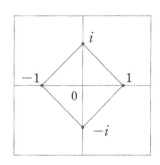

가 미 | 또 수와 도형이 일치돼요. 신기해요!

미치 박사 | 이것을 더 발전시켜서 이론상에서 '정17각형
이 작도 가능' 함을 증명하고 있지. 참으로 훌륭하지
않은가?

후데야 | 박사님, 마지막으로 하나. 4원수란 어떤 수죠?

미치 박사 | $a+bi+cj+dk$ (i, j, k는 허수 단위)로, 19세기 영국의 해밀턴이 창안한 것이
야. 하루 중 일과였던 산책 중에 번뜩 떠올랐다는 전설이 전해지고 있다네.

어떤 문제!

(1) 19세기말 독일의 수학자 데데킨트는 유명한 발상을 했다. 그것은 바
로 '데데킨트의 실수의 절단' 이다. 그런데 수직선을 한 점에서 절단했
을 때 오른쪽의 네 종류를 생각할 수 있는데, 성립하는 것은 어떤 것
인가?

(2) '허수의 세계' 에서는 대소가 없다는 것을 증명하라.

수직선

최대수   최소수

① ───○ ○───▶

② ─────○───▶

③ ─────○───▶

④ ───────▶

수의 난쟁이 '지수'와 법칙 만들기

05

가 미 | 저요, 전에 '두께 1밀리미터의 종이를 22번 접으면 후지산보다 높아진다'는 박사님의 말을 듣고 믿을 수 없어서 신문지를 접어 보았는데…… 6번 정도 접고 도저히 접을 수가 없었어요.

후데야 | 수학에서는 계산상으로 알 수 있지만 머리로는 납득하기 어려운 경우가 많아. 기하급수로 늘어나는 법도.

3776미터

미치 박사 | 종이를 접는 이야기로 그 계산을 하면, $2^{22} = 4,194,304$ ➡ 약 4,200미터 분명히 후지산보다 높아지네. 이렇게 급속히 수가 커지는 문제를 '적산'이라 하여, 동서고금 어느 민족이나 비슷한 문제를 갖고 있지. 대부분이 지수에 대한 것이기 때문이라네.

가 미 | 지수와 거듭제곱은 어떻게 달라요?

미치 박사 | '같은 수 또는 문자를 몇 번인가 곱해서 합한 수'를 **거듭제곱**이라 하고, 오른쪽에서 a의 오른쪽 어깨 부분에 적은 숫자를 '지수'라고 하네. 거듭제곱을 '멱(冪)'이라고도 하는데, 우리 이 문제에 대해 생각 좀 해 볼까?

가 미 | 저는 이런 것을 좋아하기 때문에 똑똑히 기억하고 있어요.

지수 index number
거듭제곱 power

$$a^n \quad \leftarrow \text{지수}$$

↖ 밑

주 $n = 1$일 때는 1을 생략한다.
즉, $a^1 = a$

$$m, n\text{이 정의 정수일 때}$$

I. $a^m \times a^n = a^{m+n}$

II. $(a^m)^n = a^{mn}$

III. $(ab)^n = a^n b^n$

IV. $a^m \div a^n = \begin{cases} a^{m-n} & (m > n) \\ 1 & (m = n) \\ \dfrac{1}{a^{n-m}} & (m < n) \end{cases}$

후데야 | 박사님이 바라시는 건……

$a^{-3}, \ a^{\frac{2}{5}}, \ a^{1.8}, \ a^{-\frac{2}{3}}, \ a^{\sqrt{2}}, \ a^{3i}, \ a^{2-i}$

등과 같은 지수의 확장에 대한 것 같은데요……

미치 박사 | 한동안 오래 함께 지내게 되면 어지간히 상대방의 마음을 읽을 수 있게 되나

보군. 바로 맞췄네. 지수의 '대수적 수' 의 총출연이라는 것인가?

후데야 | 전부 위의 기본 공식에서 만들 수 있는데, 해 볼게요.

$$a^2 \div a^5 = \begin{array}{c} \nearrow \quad \dfrac{a^2}{a^5} = \dfrac{1}{a^3} \\[2ex] \searrow \quad a^{2-5} = a^{-3} \end{array} \qquad a^{\frac{2}{5}} = (a^2)^{\frac{1}{5}} = \sqrt[5]{a^2}$$

가 미 | 잠깐만……, 왜 $a^{\frac{1}{5}} = \sqrt[5]{a}$ 인 거지?

후데야 | $a = a^{\frac{5}{5}} = (a^{\frac{1}{5}})^5$ 에서 $a^{\frac{1}{5}} = \sqrt[5]{a}$ 라고 생각하면 돼.

가 미 | 과연, 분수 승은 거듭제곱근이 되는 거군요.

후데야 | $1.8 = \dfrac{18}{10} = \dfrac{9}{5}$ 이기 때문에 $a^{1.8} = \sqrt[5]{a^9}$, 또

$-\dfrac{2}{3} = (-1) \times \dfrac{2}{3}$ 이기 때문에 $a^{-\frac{2}{3}} = \dfrac{1}{\sqrt[3]{a^2}}$ 이 된다는 말씀!

미치 박사 | 나머지 수는 어려우니까 여기서 그만 그치자, 응?

어떤 문제!

(1) 9를 세 개 사용한 수를 생각하고, 그 중에서 최대의 것을 구하라.

(2) 지수함수 $y = 2^x$의 그래프가 되는 것을 가까이에서 찾아보자.

계산 능률을 2배로 한 '대수'

06

미치 박사 | 수학의 기본적인 생각에 '역'이라는 것이 있는데, 그 예와 의미를 한번 들어보거라.

가 미 | 역연산 — 덧셈과 뺄셈, 곱셈과 나눗셈 등

　　　　역조작 — 도형의 평행, 대칭, 회전 이동 등

　　　　정리의 역 — '삼각형에서 두 각이 같을 때 두 변도 같다'

　　　　일상생활에서도 역방향, 역사고 등을 사용하고 있어요.

후데야 | 역이 인정되면 왕복 자유니 대용품 이용 등의 이점이 있는데, 한편 '역이 반드시 참은 아니다'라는 식으로 어떤 사항 명제의 역이 성립하지 않는 경우도 있어요.

$$Ⓐ \underset{\longleftarrow}{\longrightarrow} Ⓑ$$
$$Ⓐ \underset{\overset{×}{\longleftarrow}}{\longrightarrow} Ⓑ$$

미치 박사 | 그런 점에 주의하면서 이번에는 지수의 역의 대수(log)에 대해서 생각해 보자. 우선 **대수의 탄생**부터 볼까?

후데야 | 이것도 기호 ＋, －, ×, ÷의 창안이나 소수의 탄생(47페이지) 등과 마찬가지로 15～17세기경의 대항해 시대의 것인가요?

미치 박사 | 그렇다네. 이른바 속산법의 일종으로, 창안자는 17세기 영국의 수학자 '네피아'라네. 그는 로마와의 싸움에서 아르키메데스와 마찬가지로 많은 무기를 고안했네. 화포, 전차, 잠수함 등…….

가 미 | 그 속산적인 대수(log)를 어디서 착상한 거죠? 힌트나 동기라도…….

후데야 | 대수는 영어로 <u>log</u> <u>arithm</u> 이기 때문에 비와 관계가 있는 것 아닌가요?
　　　　　　 비　　수(산수)

미치 박사 | 두 가지 방법이 있네.

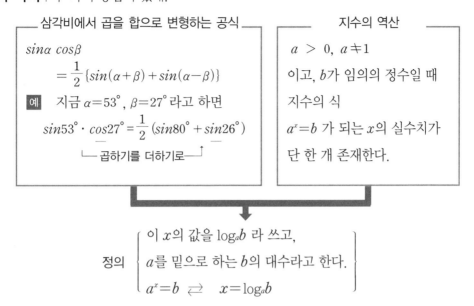

가 미 | 잘은 모르겠지만…… '기호 log'가 아니네요.

발상은 ①곱셈을 덧셈으로 바꾼다, ②지수를 이용함으로써, 계산의 능률을 올리려 한 건가요?

후데야 | 당시 천문학적 복잡한 계산에 고민하고 있던 '계산하는 사람'(영국에 많았다)들의 '수명을 2배로 했다'고 해. 다시 말해서 능률이 2배 올랐다고 기뻐했던 계산 방법이었다는 거야.

미치 박사 | 우리들이 '대수(log)를 배울 때는 교과서에 20~30페이지 정도 다뤘는데, 전자 계산기와 컴퓨터가 보급된 오늘날에는 약간 맛만 볼 정도로 취급하고 있으니 유감스러운 일이야.

가 미 | 하지만 고급 수학에서는 사용하고 있잖아요?

미치 박사 | 속산용의 의미는 없어졌지만 수학으로써는 재미있고 또 필요하지.

그런데 여기서 **예**와 같이 수의 **관문**을 통과했다고 하자고.

후데야 | 우선 오른쪽과 같이 해 보았는데 지금까지의 수와는 형식이 갖춰지지 않는데요.

가 미 | 대체로 log_ab를 수라고 생각하는 것이 무리예요. 고작 $\sqrt{a}$까지예요.

미치 박사 | 다음의 기본 계산을 기억해 두면 이해할 수 있을 거다.

$32 = 2^5 \quad \rightleftarrows \quad log_232 = 5$

$100 = 10^2 \quad \rightleftarrows \quad log_{10}100 = 2$

$10^{-1} = 0.1 \quad \rightleftarrows \quad log_{10}0.1 = -1$

$4^{\frac{1}{2}} = 2 \quad \rightleftarrows \quad log_42 = \frac{1}{2}$

후데야 | 옛날에 대수 계산을 하려면 '대수표'가 필요했겠어요. 대단한 작업이었겠는데요?

미치 박사 | 브리그스(Briggs)가 협력을 좀 했지. 후에 오트레드(Oughtred)가 대수눈금에 의한 '계산척'(62페이지)이라는 기기를 고안했고. 자, 이쯤에서 끝내자고.

신비 | '대수'는 계산 능력을 2배로 했으나 현대의 컴퓨터는 ∞배.

정의	앞 페이지
기본	$log_a1 = 0$, $log_aa = 1$
	정의 정수 x에 대해서만
	log_ax 가 존재한다.
대소	$x_1 < x_2 \rightleftarrows log_ax_1 < log_ax_2 (a>1)$
	$x_1 < x_2 \rightleftarrows log_ax_1 > log_ax_2 (1>a>0)$

변형 공식 (사칙과 같은 것)

$$log_aAB = log_aA + log_aB$$
$$log_a\frac{A}{B} = log_aA - log_aB$$
$$log_aA^n = nlog_aA$$
$$log_a\sqrt[n]{A} = \frac{1}{n}log_aA$$

주 계산의 곱셈, 나눗셈이 가감으로 한 단계 내려갔다.

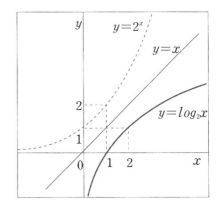

어떤 문제!

(1) $log_4x = \dfrac{3}{2}$ 의 값을 구하라.

(2) $p = log_a2$, $q = log_a3$ 일 때 log_a18을 p, q로 나타내라.

1 47페이지

(1) ① $\dfrac{3}{4}=\dfrac{2}{4}+\dfrac{1}{4}=\dfrac{1}{2}+\dfrac{1}{4}$

② $\dfrac{2}{5}=\dfrac{6}{15}=\dfrac{1}{3}+\dfrac{1}{15}$

③ $\dfrac{7}{8}=\dfrac{21}{24}=\dfrac{12}{24}+\dfrac{6}{24}+\dfrac{3}{24}$

$=\dfrac{1}{2}+\dfrac{1}{4}+\dfrac{1}{8}$

(2) ① $0.24=\dfrac{24}{100}=\dfrac{6}{25}$

② $3.08=3\dfrac{8}{100}=3\dfrac{2}{25}$

③ $x=0.741741\cdots\cdots$ 로 하고

$1000x=741.741741\cdots\cdots$

$-)\qquad x=\quad\;\;0.741741\cdots\cdots$

$999x=741$

$\therefore\; x=\dfrac{741}{999}=\dfrac{247}{333}$

2 49페이지

(1) 분수 $\dfrac{1}{n}$ 에서 분모 n을 한없이 크게 하면 극한에서 0이 된다.

(2) $0\div0=x$ 라고 생각하면

$0=0\cdot x$ 가 된다.

x는 어떤 수라도 좋다.(부정)

3 51페이지

(1) $\sqrt{2}=\dfrac{a}{b}$ 에서 양변을 2제곱하여 변형하면

$2=\dfrac{a^2}{b^2}$ 에서 $2b^2=a^2$ ……①

① 에서 a는 짝수다.

그래서 $a=2c$ 라고 하면

$2b^2=(2c)^2$

따라서 $2b^2=4c^2$, $b^2=2c^2$,

이에 의해 b도 짝수가 된다.

즉, a와 b는 짝수로 서로 소수가 아니기 때문에 전제에 반한다.

이것은 $\sqrt{2}=\dfrac{a}{b}$ 로 한 것이 잘못이며, $\sqrt{2}$는 분수로는 나타낼 수 없다.

(배리법에 의한 증명)

(2) 다음 도형의 방법 (다른 해법도 있다)

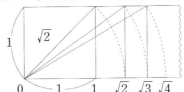

4 55페이지

(1) 성립되는 것은 ②~④.

①과 같이 최대수, 최소수(모두 유리수)가 양단에 있으면 그 평균치(유리수)가 존재하게 된다.

(2) 지금 대소가 있다 하고 $3i>2i$라고 가정하면 i를 양변에 곱하면

① $i>0$일 때 $-3>-2$ ×

② $i=0$일 때   ×

③ $i<0$일 때 $-3>-2$ ×

모두 성립되지 않는다. 따라서 허수에는 대소가 없다.

5 57페이지

(1) 9를 3개 사용해서 만들 수 있는 수는

$$999, 99^9, 9^{99}, 9^{9^9} \left(=9^{9^9}\right)$$

등이 있다.

지수가 클수록 크다.

$9^{9^9} = 9^{387410489}$ 로, 이것이 최대.

(2) 지금 $y = 2^x$의 그래

프를 그리면 오른

쪽 곡선이 된다.

이것은 에펠탑이나

도쿄 타워, 성의 돌

담의 곡선이 된다.

6 60페이지

(1) $\log_4 x = \dfrac{3}{2}$ 를 지수의 형태로 고치면

$x = 4^{\frac{3}{2}}$이 되기 때문에

$x = (\sqrt{4})^3 = 2^3 = 8$

(2) $18 = 2 \times 3 \times 3$이므로

$$\log_a 18 = \log_a (2 \times 3^2)$$
$$= \log_a 2 + 2\log_a 3$$

따라서 주어진 식 $= p + 2q$

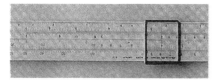

계산 자(자와 커서가 움직인다)

(참고) 대수 계산

(예1) 3.541×2.476

$x = 3.541 \times 2.476$이라 하고

$$\log x = \log 3.541 + \log 2.476$$

오른쪽 변의 각 값을 대수표에서

$$\log 3.541 = 0.5490$$
$$+) \ \log 2.476 = 0.3927$$
$$\log x = 0.9417$$

다시 대수표를 사용하여

$$x = 8.74$$

{ 실제 계산에서는 8.767516
보조 계산으로 미조정 하지
않았기 때문에 약간 오차가 나왔다.

(예2) 8.367^3

$x = 8.367^3$이라 하고

$\log x = 3\log 8.367$

오른쪽 변의 값을 대수표에서

$$\log 8.367 = 0.922$$

$$\begin{array}{r} \times \quad\quad 3 \\ \hline 2.766 \end{array}$$
자릿수

$\log x = 0.7666$을 대수표에서

$$x = 5.94$$

따라서 두 자릿수 이동하게 하여 594

{ 실제 계산에서는
585.7459668
오차의 이유는 위와 같다.

이상은 대수표가 수중에 있으면 숫자를 써

서 계산할 수 있다.

무의식중에 가르치고 싶어지는 수학 66의 신비

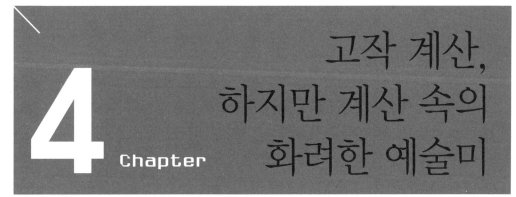

4 Chapter

고작 계산, 하지만 계산 속의 화려한 예술미

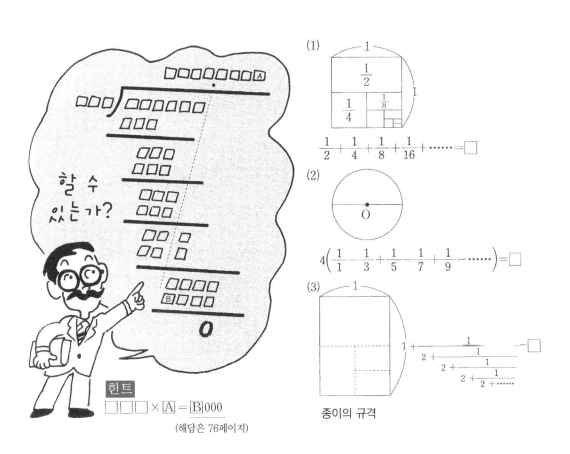

(1)

$$\frac{1}{2} + \frac{1}{4} + \frac{1}{8} + \frac{1}{16} + \cdots\cdots = \square$$

(2)

$$4\left(\frac{1}{1} - \frac{1}{3} + \frac{1}{5} - \frac{1}{7} + \frac{1}{9} - \cdots\cdots \right) = \square$$

(3)

$$1 + \cfrac{1}{2 + \cfrac{1}{2 + \cfrac{1}{2 + \cfrac{1}{2 + \cdots\cdots}}}} = \square$$

종이의 규격

할 수 있는가?

힌트

□□□×Ⓐ=Ⓑ000

(해답은 76페이지)

63

1도 나열하면 철책이 되는 11×11

01

미치 박사 | 대부분의 사람들은 '수학이라고 하면 **계산**, 계산이라고 하면 번거롭다, 그 때문에 싫다' 라는 3단 논법처럼 수학을 싫어하고 있네. 외국에서도 비슷하지만…….

가 미 | 수학에서 이 '미움 덩어리' 인 계산을 피할 수는 없는 것인가요?

후데야 | 저는 계산을 좋아하니까 상관없지만 전자계산기, 컴퓨터를 잇따라 사용하게 되면 연필로 풀어 나가는 계산 방법은 이제 소용 없게 되는 것 아닌가요?

미치 박사 | 연필로 푸는 계산(미움 받는 부분)에서

- 분수 계산은 소수 계산으로 대신 하고
- 대수 log도 수표나 계산 자를 사용하지 않고 ⎫ 등,
- 다음 장에 나오는 삼각비의 계산 ⎭

이 모든 것을 전자 계산기나 컴퓨터로 정리할 수 있으니 이제 연필로 풀어 나가는 그리운 풍경은 볼 수 없게 됐구나.

가 미 | 좀 더 늦게 태어났더라면 계산하는 고통은 겪지 않았을 텐데……유감이다!

후데야 | 지금부터 좋아하게 되지 않겠어?

하긴 수학은 계산만은 아니니까…….

미치 박사 | 여기서는 '실용 계산' 이 아니라 '아름다운 계산' 을 소개할 테니 **계산의 다양한 아름다움**을 숙지하도록 한다.

가 미 | 계산에도 아름다움이 있어요?

미치 박사 | 먼저 1을 주로 사용한 것을 살펴 볼까?

$$1 \times 1 = 1$$
$$11 \times 11 = 121$$
$$111 \times 111 = 12321$$
$$1111 \times 1111 = 1234321$$
$$11111 \times 11111 = 123454321$$
$$111111 \times 111111 = 12345654321$$
$$1111111 \times 1111111 = 1234567654321$$
$$11111111 \times 11111111 = 123456787654321$$
$$111111111 \times 111111111 = 12345678987654321$$

계산을 싫어하는 가미, 이 계산을 보고 어떤 느낌을 받았나?

가 미 │ 왼쪽 변은 1로 이루어진 식이고, 오른쪽 변은 '좌우 대칭'으로 이루어진 답이 정말 아름답네요.

후데야 │ 수학은 '와우!'라는 느낌만으로도 대단한 성과를 얻는 것이야. 아무것도 도움이 되지 않아도 말야. 이것이 진짜 '수를 즐기는 것'이지.

미치 박사 │ 옛날부터 지금까지 많은 수학자들은 '수학은 신이 창조했다'라고 하며, 그 의미의 하나로 **화려한 예술미**를 즐겼다고 하네.

어떤 문제!

(1) 위의 식과 같이 1을 10개씩 곱하면 답은 어떻게 되는가?

 (즉, 10단째의 결과)

(2) 오른쪽은 1과 2만의 연분수다. ……를 취한 식으로 답을 구하라.

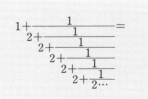

어디까지 계속되는가, 이 리듬 1×9+2

02

후데야 | 그러고 보니 저도 1의 나열로 된 것을 어디선가 본 것 같아요. 보실래요?

$$0 \times 9 + 1 = 1$$
$$1 \times 9 + 2 = 11$$
$$12 \times 9 + 3 = 111$$
$$123 \times 9 + 4 = 1111$$
$$1234 \times 9 + 5 = 11111$$
$$12345 \times 9 + 6 = 111111$$
$$123456 \times 9 + 7 = 1111111$$
$$1234567 \times 9 + 8 = 11111111$$
$$12345678 \times 9 + 9 = 111111111$$

가 미 | 이것도 기막힌데요! 리듬이 있고 아름다워요.

'1의 나열'이라는 것은 감각적으로 정말 대단한 것 같아요.

미치 박사 | 그렇다면

$$123456789 \times 9 + 10$$

은 어떻게 될까?

가 미 | 그건 1이 10개 나란히 있는 거 아닌가요?

아닌 것 같기도 하고…….

후데야 | 전 거기까지는 생각해 보지 않았는데…… 과연 박사님이야! 착안점이 달라.

발전적으로 생각해 보시는 건가요?

미치 박사 | 대답은 나중에 듣기로 하고 약간 어려운 것을 소개하지.

$$11 = 6^2 - 5^2 \qquad \cdots \cdots \text{①}$$

$$111 = 56^2 - 55^2 \qquad \cdots \cdots \text{②}$$

$$1111 = 556^2 - 555^2$$

$$11111 = 5556^2 - 5555^2$$

$$\cdots \cdots$$

$$\cdots \cdots$$

검산

① $36 - 25 = 11$

②

56	55
$\times 56$	$\times 55$
336	275
280	275
3136	3025

$$\begin{array}{r} 3136 \\ -)\ 3025 \\ \hline 111 \end{array} \quad \text{따라서 } 111$$

③ ?

가 미 | 전자계산기로 확인해 봤는데, 모두 맞아요. 정말 놀라워요!

후데야 | 이것은 $(a^2 - b^2)$의 형태이기 때문에

$$5556^2 - 5555^2$$

$$= (5556 + 5555)(5556 - 5555)$$

$$= 11111 \qquad \times 1$$

이라는 셈이 나와요. 이 형식은 무한히 큰 수라도 가능하고요.

맞지?

미치 박사 | 과연 수학을 좋아하는 후데야로군! 일반화하는 발상이 상당해. 하지만 '미의 근원을 꿰뚫어보는 눈'도 중요해.

어떤 문제!

(1) 앞 페이지의 10의 경우의 답을 구하라.

(2) 오른쪽 예시에서

①은 피타고라스 정리 ②는 양변 모두 365.

그러면 ③의 두 개의 식은 같은가?

① $3^2 + 4^2 = 5^2$

② $10^2 + 11^2 + 12^2 = 13^2 + 14^2$

③ $21^2 + 22^2 + 23^2 + 24^2$

　과 $25^2 + 26^2 + 27^2$ 은?

8이 빠지면 1의 나열이 되는 12345679×9

03

가 미 | 전에 어떤 식에 흥미를 가지고 계산했더니 오른쪽과 같은 답이 나왔어요. 그런데 0이 하나 끼어 있어서 눈에 거슬려서 곱해지는 수의 8을 빼 보았더니…… 뜻밖에도 1이 나란히 있는 답이 나오는 거예요.

미치 박사 | 드디어 가미도 '계산을 즐기는 사람'이 됐군. 아니, 재미에 흥미를 가졌다고 해야 하나?

후데야 | 박사님! 다른 얘기입니다만, 일본에서는 옛날부터 '팔(八)'을 무한대를 의미하는 수로 여겼다면서요?

가 미 | '많다'는 의미인가요? 버린다는 것은 미안한 얘기이긴 하지만…… 아무튼 예술미를 위해서 잠깐 빼는 것을 눈감아 달라고 해야 하지 않을까……

미치 박사 | 예부터 세계의 여러 민족들은 기수(1~9)에 제각기 내력, 미신, 재수, 길흉 등이 담겨 있다고 믿었지. 이것들을 조사하는 것도 민족성을 발견할 수 있는 일이라 제법 재미있기도 하겠지.

가 미 | 좀 벗어난 얘기지만, 제가 발견한 것을 말씀드릴게요. 지금까지의 1을 나열하는 것과는 달리 같은 숫자를 나열하는 거예요.

$$
\begin{array}{r}
1\,2\,3\,4\,5\,6\,7\,8\,9 \\
\times \qquad\quad 9 \\
\hline
1\,1\,1\,1\,1\,1\,1\,1\,0\,1
\end{array}
$$

↓ 8을 빼면

$$
\begin{array}{r}
1\,2\,3\,4\,5\,6\,7\,9 \\
\times \qquad\quad 9 \\
\hline
1\,1\,1\,1\,1\,1\,1\,1
\end{array}
$$

八 (팔)

팔방미인　팔각기둥
팔척장신　팔푼이
팔도강산　팔등신
팔불출

$$12345679 \times 9 = 111111111$$
$$12345679 \times 18 = 222222222$$
$$12345679 \times 27 = 333333333$$
$$12345679 \times 36 = 444444444$$
$$12345679 \times 45 = 555555555$$
$$12345679 \times 54 = 666666666$$
$$12345679 \times 63 = 777777777$$
$$12345679 \times 72 = 888888888$$
$$12345679 \times 81 = 999999999$$

라는 식이에요!

후데야 | 과연! 승수(어떤 수에 곱하는 수)는 처음 식의 2, 3, ……, 9배로 잇따라 만들어진 식이네요.

가 미 | 지금 식을 보다가 깨달았는데, 승수의 9배수 는 2자릿수의 합이 모두 9로 되어 있어요. 정 말 신기해요.

미치 박사 | 훌륭한 발견을 했군. 같은 숫자 나열과 비슷한 것으로는

$$1 \times 9 + 1 \times 2 = 11$$
$$12 \times 18 + 2 \times 3 = 222$$

이것을 계속을 만들어 보도록!

신비 이 '수식의 미'는 인도 숫자에만 허용되고 있다.

9의 단의 답과 숫자의 관계
$18 \Longrightarrow 1+8=9$
$27 \Longrightarrow 2+7=9$
$36 \Longrightarrow 3+6=9$
……
……
$81 \Longrightarrow 8+1=9$

어떤 문제!

(1) 같은 숫자 나열에서 매스컴에 화제가 된 예를 생각해 보라.

(2) 위의 미치 박사 질문을 만들어 보라.

여류 문학가도 좋아했던 럭키 세븐

04

후데야 | 일본에서는 '팔(八)'을, 고대에서는 '무한'을 나타냈고, 현대에서는 '점차 끝 부분이 퍼져 간다'고 해서 좋은 수라 하고 있는데, 세계적으로 보면 '칠'을 더 많이 좋아하는 것 같아요.

미치 박사 | 맞아. 그러면 7이 들어간 유명한 말은 뭐가 있지?

후데야 | 생각나는 것으로는 바로 오른쪽에 있어요. 가미의 특기 분야에서 볼 때…… 어때? 잘 찾았지?

가 미 | 기다리던 제 차례군요. 있어요. 아주 많이 있어요.

> 세계의 7대 불가사의
> 그리스 7인의 현인
> 7인의 무법자
> 1주일은 7요일
> 세븐 포커

칠성신, 칠월칠석, 칠언절구, 칠난, 칠전팔기
칠칠일, 칠성, 칠성무당벌레, 칠보

등등. 이 밖에 또 있어요.

후데야 | 과연, 문과 출신답게 잘 알고 있는데.

미치 박사 | 그렇다면 이번에는 '럭키 세븐'으로 가 볼까? 럭키 세븐은 헤이안 시대의 세이쇼나곤도 좋아했다고 하는 퍼즐의 일종으로, 일본에서는 '세이쇼나곤의 지혜의 판'이라고 부르고 있지.

가 미 | 럭키 세븐과 지혜의 판은 서로 다른 건가요?

미치 박사 | 중국의 '탱그램(Tangram) 지혜 놀이판'이 서구에서 럭키 세븐이 되었다는 설이 있네. 한국에서는 '칠교놀이'라 하고.

7인의 요정 / 늑대와 7마리 새끼 양

칠면조

우연히 따로따로 고안된 것인지는 모르겠지만, 지혜의 판과 럭키 세븐은 오른쪽 그림처럼 차이는 있지. 하지만 어느 쪽이나 7개의 칩으로 나열하면서 여러 가지 도형을 만들 수 있는 것이네.

후데야 | 수 '7'의 이야기로 돌아가요, 박사님!

미치 박사 | 7은 약간 '비뚤어진 녀석'으로, 2~12까지의 어떤 수도 '2 수가 그것으로 나누어지고 안 나누어지는 것'을 한눈에 판단할 수 있는 룰이 있는데, 7만은 없어(만들 수는 있지만 귀찮아서). 아주 곤란하고……

후데야 | 하지만 $\frac{1}{7}$ 은 재미있네요.

$$\frac{1}{7} = 0.\dot{1}4285\dot{7} \text{ (순환 소수)}$$

가 되고, 오른쪽과 같이 142857이 앞뒤로 회전하고 있는데요.

미치 박사 | 수의 개성을 조사하는 것도 제법 흥미로운 일이지.

탱그램
지혜 놀이판

럭키 세븐

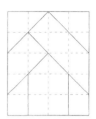

(예)

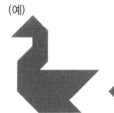

□×2＝285714
□×3＝428571
□×4＝571428
□×5＝714285
□×6＝857142

어떤 문제!

(1) 142857×7을 계산하라. 또 왜 그 수인지 설명하라.

(2) 분수를 소수로 고쳤을 때 그 순환하는 자릿수가 나누는 수보다 적다는 것을 설명하라($\frac{1}{7}$ 에서는 순환이 6자릿수).

중국 황제의 수 '9'의 효용

05

미치 박사 | 옛날부터 중국에서는 9를 '황제의 수'라 하여 궁전이나 왕실 관계의 건조물에 이를 표식하도록 했다. 예를 들어 대문의 대갈 못이 9×9개 있다거나 제단의 포석 수가 동심원 모양으로

1, 9, 18, 27, 36, ……

의 9의 배수라는 것 등을 조사하면 아주 재미있을 거야.

가 미 | 왜 중국에서는 9가 황제의 수가 되었죠?

후데야 | 그것은 9라는 수가 기술(1~9) 중에서 최대의 수이기 때문이겠죠, 박사님?

궁정의 문(대갈 못의 수는 9×9)

미치 박사 | '9'에 대해서는 1988년 2월말, 신문과 텔레비전에서 아연실색하게 하는 보도 내용이 있었지. 한 중학교 교정에서 하룻밤 사이에 학생들의 책상 447개로 9라는 글자 모양(삽화)을 만들었는데, 체포된 범인은 지난 해, 이 학교 9회 졸업생이었으며, 그는 '9는 숫자로 최대의 수, 1999년에 우리들은 일본에서 톱이 된다. 이것은 우주인을 향한 어필'이라고 말했네.

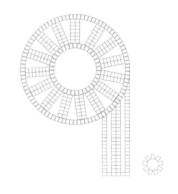

가 미 | '젊은이의 주장'이나 흉내겠죠, 뭐. 그런데 이번에 박사님이 9를 화제로 삼은 것은 '수 9의 수학상의 기적!'이라는 게 있는 건 아닌가요?

미치 박사 | 글쎄다. 어떤 특징이라도 있다고 생각하나?

후데야 | 어떤 정수가 9로 나누어 떨어지는지 어떤지 실제로 나누지 않고 암산으로 조사

해 보겠습니다.

가 미 | 어머, 어떻게?

예를 들면 57834 라면 어떻게 조사하는데?

후데야 | 간단해, 아주 간단해! 이 수의 숫자의 합은

$5+7+8+3+4=27,\ 2+7=9$

즉, 9로 나누어 떨어지는 수죠.

가 미 | 그 수의 모든 숫자의 합이 9의 배수라면 이 수를 9로 나누

어도 떨어진다는 거예요? 어떻게 증명할 수 있죠?

후데야 | 그럼 분해해서 살펴보죠.

57834

$=50000+7000+800+30+4$

$=5\times(9999+1)+7\times(999+1)+8\times(99+1)+3\times(9+1)+4$

$=\underbrace{9(5\times1111+7\times111+8\times11+3)}_{\text{9의 배수(A)}}+\underbrace{5+7+8+3+4}_{\text{9로 나눈 나머지(B)}}$

식

$$
\begin{array}{r}
6426 \\
9\overline{)57834} \\
54 \\ \hline
38 \\
36 \\ \hline
23 \\
18 \\ \hline
54 \\
54 \\ \hline
0
\end{array}
$$

가 미 | 수학이란 실로 설명을 잘하는 거군요. 대단해요!

미치 박사 | 나도 이 설명 방법을 처음 알았을 때 감동 먹었단다. 지금도 그것을 기억하고

있어. 게다가 위의 사고 방식에서는 '정수를 9로 나누었을 때의 나머지(B)'를 구할

수 있음으로 검산 '*구거법'이 유명한 거야.

참고 오른쪽 아래의 덧셈 248+732의 검산을 '구거법'으로는 다음과 같이 검산하여 확

인할 수 있다.

---

*구거법 : 계산의 결과를 9로 나누어 검산하는 계산법. 각 자리의 숫자의 합을 9로 나눈 나머지는 그 수를

9로 나눈 나머지와 같다는 것을 이용한 것.

어떤 문제!

(1) 오른쪽 계산을 구거법으로 검산하라.

(2) 11로 나누어 떨어지는지를 살펴보는 방법

$$
\begin{array}{r}
528 \\
+\ 964 \\ \hline
1492
\end{array}
$$

(9로 나눈
니머지)

$$
\begin{array}{rcccc}
248 & \cdots & 14 & \rightarrow & 5 \\
+\quad 732 & \cdots & 12 & \rightarrow & 3 \\ \hline
980 & \cdots & 17 & \rightarrow & 8 \quad (+
\end{array}
$$

맞다. 정답이다.

「천일야화」 왕비 셰헤라자드의 수

06

미치 박사 | 1001은 '천일'이라 읽을 수 있다고 해서 '천일야화'의 주역인 셰헤라자드와 결부시켜서 '셰헤라자드의 수'라 부르는데, 가미가 이 이야기를 좀 들려 주겠니?

가 미 | '천일야화' 또는 '아라비안나이트'라고도 해요. 아라비아의 왕 샤리아르는 아내가 부정을 저지른 것을 알고 큰 충격을 받았어요. 왕은 아내를 처형하고도 분노를 삭이지 못하고, 여성을 미워하게 되고, 복수의 대상으로 삼았죠. 왕은 매일 새로운 처녀와 결혼을 하고, 첫날밤을 보낸 다음 날 아침에 죽이는 무자비한 생활을 하고 있었어요. 그것을 동정한 대신의 딸 셰헤라자드가 자처해서 왕비가 되어 매일 밤 재미있는 이야기를 들려주었어요. 왕은 다음날, 또 그 다음날에도 또 이야기를 듣고 싶어서 왕비를 죽이지 않았는데, 마침내 천일 밤이 지나자 왕은 마음이 누그러져서 그녀를 평생 아내로 대우했다'는 이야기예요.

미치 박사 | 훌륭한 이야기이지만 실제는 고대 페르시아, 인도, 아라비아, 이집트, 그리스에 전해오는 이야기를 16세기경에 집대성한 것이라고 해.

후데야 | 1001은 수학상으로 재미있는 수인가요?

$$1001 = 7 \times 11 \times 13$$

으로 인수분해가 되지만 이것만으로는 재미가······.

미치 박사 | 그것이 제법 재미있는 성질을 가지고 있다네. 예를 들면 가미, 다음 계산을 해 보겠니?

$$1001 \times 111$$

가 미 | 오우~ 대단한데요! 오른쪽과 같이 111111이 됐어요. 이 계산을 하고 있을 때 번뜩 머리에 떠오른 게 있어요.

1001×365

그러면 답은 365365가 돼요.

후데야 | 전자계산기로 조사했더니 좀 더 멋진 것을 발견했어요.

$1001 = 1 \times 11 + 2 \times 22 + 3 \times 33 + \cdots\cdots + 6 \times 66$

$= 11 \times (1^2 + 2^2 + 3^2 + \cdots\cdots + 6^2)$ 어때요, 박사님?

미치 박사 | 음, '화려한 미'라 할 수 있는 전개식이군. 대단해!

가 미 | 이밖에 더 있을까요?

미치 박사 | 트럼프 카드의 A, 2, 3, ……, 10, J, Q, K, 조커 14매에서 4매를 골라 '조합'의 수로 나타내면 $_{14}C_4$로, 이 값을 후데야가 계산해 봐.

후데야 | 오른쪽과 같이 되는데, 놀랍게도 1001이 됐어요.

주 $n! = n \times (n-1) \times \cdots\cdots \times 3 \times 2 \times 1$

$$\begin{array}{r} 1001 \\ \times \quad 111 \\ \hline 1001 \\ 1001 \\ 1001 \\ \hline 111111 \end{array}$$

$$_{14}C_4 = \frac{14!}{4!10!} = \frac{14 \cdot 13 \cdot 12 \cdot 11}{4 \cdot 3 \cdot 2 \cdot 1}$$
$$= 7 \times 13 \times 11$$
$$= 1001$$

신비 '왕비와 수' 이것에 착안하는 수학의 로맨틱한 매력!

어떤 문제!

(1) 1001의 동료 10001, 100001은 소수인가?

(2) 1, 0으로 만들어지는 동일한 유형, 10101을 소수의 곱으로 분해하라.

1 65페이지

(1) 12345678900987654321

(2) 1.4142……로 실은 $\sqrt{2}$

   ($A5$, $B4$판 등 규격용지의 재단 비)

2 67페이지

(1) $123456789 \times 9 + 10 = 1111111111$

   역시 성립된다.

(2) 두 개의 식은 같다.

   (참고) $36^2 + 37^2 + 38^2 + 39^2 + 40^2$

        $= 41^2 + 42^2 + 43^2 + 44^2$

3 69페이지

(1) 예를 들면 1이 12개인

   헤이세이 11년 11월 11일 11시 11분 11초

   수가 차례로 나열되는 다음 것도 유명하다.

   헤이세이 10년('98년) 7월 6일 5시 4분

(2) $123 \times 27 + 3 \times \ 4 + 3333$

        $1234 \times 36 + 4 \times \ 5 + 44444$

      $12345 \times 45 + 5 \times \ 6 + 555555$

     $123456 \times 54 + 6 \times \ 7 + 6666666$

    $1234567 \times 63 + 7 \times \ 8 + 77777777$

   $12345678 \times 72 + 8 \times \ 9 + 888888888$

  $123456789 \times 81 + 9 \times 10 + 9999999999$

4 71페이지

(1) $142857 \times 7 = 999999$

   (이유) $\dfrac{1}{7} = \dfrac{142857}{999999}$

(2) $\dfrac{1}{7}$ 을 예로 들면 오른쪽 위 계산에서 '나머지 7' 은 나누어 떨어지고 나머지가 7 이상인 경우는 없기 때문에 순환의 자릿수(절이라 한다)는 가장 많아도 나누는 수보다 적다.

$$\begin{array}{r} 0.142857 \\ \hline 7)1\,0 \\ \end{array}$$

          7 나머지

       $\overline{30}$ …… 3

       28

       $\overline{20}$ …… 2

       14

       $\overline{60}$ …… 6

       56

       $\overline{40}$ …… 4

       35

       $\overline{50}$ …… 5

       49

       $\overline{1}$ …… 1

7까지의 모든 수가 나왔다.

5 73페이지

(1)
$$\begin{array}{r} 528 \ \cdots\cdots\ 15 \rightarrow 6 \\ + 964 \ \cdots\cdots\ 19 \rightarrow 1 \\ \hline 1492 \ \cdots\cdots\ 16 \rightarrow 7 \end{array}$$
   (+ 맞는다. 정답이다.

(2) '하나 거른 수의 합' 의 차가 0나 11의 배수.

   (예) 286, 74503

   (이유) $1000a + 100b + 10c + d$ 로

   $(11 \times 91 - 1)a + (11 \times 9 + 1)b$

                 $+ (11 - 1)c + d$

   $= \underbrace{11(91a + 9b + c)}_{\text{11의 배수}} \ \underbrace{-a + b - c + d}_{\text{정, 음수가 하나 걸른 수}}$

6 75페이지

(1) $\left.\begin{array}{l} 10001 = 73 \times 137 \\ 100001 = 11 \times 9091 \end{array}\right\}$ 소수가 아니다

(2) $10101 = 3 \times 7 \times 13 \times 37$

[참고] (63페이지) 안 겉장의 답

   할 수 있는가! $625 \times 8 = 5000$

   (1) 1 (2) π (3) $\sqrt{2}$

5 Chapter

도형 중의 '당연함'과 '불가사의', 그 해결의 묘미

삼각형은 크기와
모양이 서로 다르지만
'내각의 합'은 모두 180°이다.

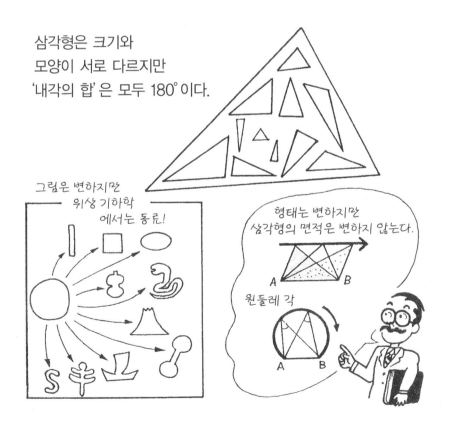

그림은 변하지만
위상 기하학
에서는 동료!

형태는 변하지만
삼각형의 면적은 변하지 않는다.

A   B

원둘레 각

A   B

'5각형' 의 흥미 있는 성질

01

미치 박사 | 도형의 성질에 대해서 생각해 보면, 보통은 이집트의 측량술이 그리스 기하학의 개조인 탈레스에 의해서 시작되는데, 수의 경우와 마찬가지로 그것보다 조금 후인 피타고라스부터 살펴보도록 하지.

가 미 | 사모스 섬에서 태어나 연구하고, 남 이탈리아의 식민지 크로토네에서 학원을 설립하여 제자를 양성했다(15페이지)고 하죠.

후데야 | 학원의 휘장이 '5각형'(펜타그램 Pentagram)으로 유명하죠.

가 미 | 이 모양이 흥미라도 있다는 건가요?

미치 박사 | 특징을 좀 들어 볼까.

- 단순한 도형
- 원에 내접하는 선대칭 도형
- 5개 각의 합이 $180°$
- 도형 내에 황금비를 볼 수 있다, 등.

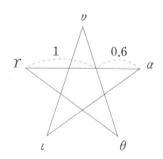

$\upsilon\rho\iota\theta\alpha$: 건강
피타고라스 학원의 휘장

피타고리안 시 박물관 앞에 있는 흉상
(그리스, 사모스 섬)

고대 그리스 활약 지대

가 미 | '다섯 개 각의 합이 180°' 라는 것을 어떻게 조사하죠?

미치 박사 | 이전에 중학생에게 질문했더니 30여 종류의 안이 나왔는데, 기본적으로는 6 ~7종류나 되더군. 후데야는 어떻게 생각하나?

후데야 | 초보부터 상급까지 나열해 볼게요.

　　(1) 분도기로 측정한다. 1각＝36° 따라서 36°×5＝180°

　　(2) 종이를 잘라서 다섯 개의　(3) 삼각형의 외각　(4) 평행선 이용

　　　　각을 한 점에 모은다.

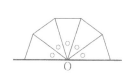　　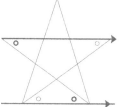

가 미 | 어머, 상당히 여러 가지가 있네요. 좀 다른 방법은 없을까요?

미치 박사 | '변해도 변하지 않는다' 라는 '도형의 성질' 을 갖는 것을 이용하는 거야.

　　사실은 약간 주의가 필요하지만…….

 ⇨  ⇨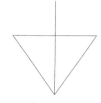

　　이렇게 움직여 나가면 삼각형이 되기 때문에 내각의 합은 180°

가 미 | 이야, 멋지다. 하지만 믿어도 될까? 각도를 움직여도 합계는 변화가 없는 거예요?

후데야 | 알겠습니다. 저도 앞으로 '움직임' 을 이용하겠습니다.

어떤 문제!

(1) 형태를 바꿔도 면적이 변하지 않는 예를 들어라.

(2) '삼각형의 내각의 합이 180°다' 라는 것을 '형태의 움직임' 으로 나타내라.

문호가 조소한 삼각형의 '당연' 성질

02

가 미 | 저도 문학을 좋아하지만 일반적으로 문호, 문사들은 수학을 싫어하는 것 같아요.

후데야 | 나츠메 소세키의 유명한 소설 「도련님」에서는 주인공인 도련님을 산에서 불어오는 거센 바람에 비유하여 수학 교사상을 나타내고 있죠. 하지만 호의적으로 취급하고 있는 것 같던데……

미치 박사 | 키쿠치 칸(소설가)이 수학을 싫어하는 것은 잘 알려진 사실이지만 「삼각형의 두 변의 합은 나머지 한 변보다 길다」는 것은 개도 알고 있다. 이것을 증명하라는 것은 **시시한 학문이다**' 라고 역설했네. 아무튼 진의는 모르지만 유명한 이야기야. 동감하고 있는 사람이 많을 거야.

> **주** 중학 시절, 키쿠치의 수학 성적은 좋았다.

가 미 | 저도 동감하는 사람 중에 한 사람이에요.

후데야 | 하지만 그 당연한 것에 대해서 논리적으로 설명하려고 하는 '수학' 이라는 학문은 대단하다고 생각해요.

미치 박사 | '당연한 것, 그에 대해서 '왜' 라는 진정한 수학 학습의 자세라고 생각하네.
게다가 최고의 것이고.

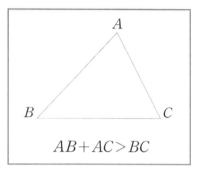

$$AB + AC > BC$$

두 점 B, C의 최단 거리는?

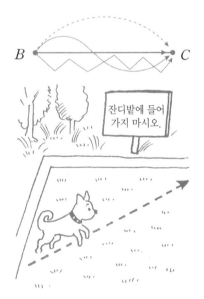

가 미 | 어려울 것 같아서 저는 빠지고 싶은데…… 후학을 위해서 증명법을 배우고 싶네요. 가르쳐 주세요.

미치 박사 | 그러면 후데가 증명해 보겠나?

후데야 | 모르겠어요. 힌트를 좀 주십시오.

미치 박사 | 우선 오른쪽 도형과 같이 보조선 AD를 긋고, 정리 '큰 각에 대한 변은 작은 각에 대하는 변보다 크다'를 사용하게 되는데…….
이것으로 충분한 힌트가 되지 않겠나?

$$AB + AC = DB$$
$$\triangle DBC \text{에서 생각한다.}$$

후데야 | 네. 이 정도의 힌트면 알 것 같아요.

$\triangle DBC$에서

$\angle C = \angle DCA + \angle ACB$

그런데 $\angle DCA = \angle D$이기 때문에

$\angle C > \angle D$

정리에서 '큰 각 $\angle C$에 대한 변 DB는 작은 각 $\angle D$에 대한 변 BC보다 크다'

즉, $DB > BC$ ……①

그런데 $DB = AB + AD = AB + AC$ ……②

①, ②에서 $AB + AC > BC$

이러면 되는 거죠? 풀었다!

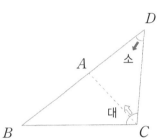

가 미 | 잘은 모르지만 알 것 같기도 하고……. 하지만 박사님이 말한 정리를 증명하지 않으면 다람쥐 쳇바퀴 도는 건 아닌가 하는 생각이 드네요.

어떤 문제!

(1) 박사가 힌트로 내놓은 정리를 증명하라.

(2) 지구 표면상의 두 점의 최단 거리의 정의를 말하라.

'평행선은 왜 평행인가' 라는 의문과 설명

03

미치 박사 | 도형의 형태나 성질, 작도에 있어서 기본적으로

①점, 선, 면 ②평행, 수직 ③삼각형, 사각형, 원

이라는 순서를 생각하게 되는데, 지금까지 종종 등장한 **평행**에 대해서 잠깐 생각해

보기로 하지. 그럼 우선 평행선의 정의에 대해서 가미가 말해 보겠나?

가 미 | 초등학교에서는 '어디까지 가도 서로 만나지 않는 두 직선',

중학교에서는 '어느 간격이 같은 두 직선'. 물론 동일 평면상에서요.

후데야 | 고등학교 때는 '같은 방향의 두 직선' 이었다고 했던 것 같아요.

미치 박사 | 이미지는 같아지지만 조금씩 표현이 다

를 뿐이라네.

초등학교의 것은 **불교성**(不交性)

중학교의 것은 **등폭성**(等幅性)

고등학교의 것은 **동향성**(同向性)

그리고 '유클리드 기하학' 에서는 제5공리(공준)

가 평행선의 정의에 해당되며, 널리 **평행선의**

공리라 부르고 있네.

> **제5공리**(공준)
>
> 한 개의 직선이 두 개의 직선과 교차하고, 그 한쪽에 생기는 두 개의 각을 합하면 두 직각보다 작아 질 때는 그들 두 개의 직선을 어디까지나 연장하면 합해서 두 직각보다 작은 각이 생기는 쪽에서 만난다.

후데야 | 이 길고 이해하기 어려운 것이 왜 평행선에 관계하고 있는 거죠?

미치 박사 | 수학 특유의 **동치**(같은 값)의 생각에 의거하네. 위의 공리는 그밖에

- 삼각형 내각의 합은 두 직각
- 사각형에서 세 개의 각이 직각이면 나머지 각은 직각

등이 동치다. 다시 말해서 내용적으로 같다고 생각하네. 말하자면 동료, 한쪽에

서 보면 '대용품' 이지. '한 명제의 증명이 곤란할 때 동치의 것을 증명하고 그것

으로 대신해도 좋다' 는 것이야.

가 미ㅣ융통성이 없는 수학에서도 제법 절차를 생략하는 방법도 사용되네요.

미치 박사ㅣ생략한다는 건 실례지만……. 비슷한 건 많이 있네. 방정식도 동치변형하여 간단한 식으로 만들어 답을 내고 있잖은가.

후데야ㅣ그런데 박사님은 평행선에 대해서 무엇을 화제로 삼고 싶으신 거죠? 예를 들면 어떤 증명이라든가…….

미치 박사ㅣ좋은 점을 물었군. 다음 증명을 해 보겠나? 정리 '두 개의 직선이 제3의 직선과 만나서 만드는 엇각이 같으면 이 두 직선은 평행이다'.

가 미ㅣ이것은 공리가 아닌가요? 당연한 것 같은데…….

후데야ㅣ당연한 증명은 보통 귀류법으로 하지 않나요? 만약 평행이 아니라면 어느 한 지점에서 만나고.

(도형 1)

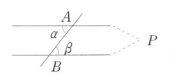

이 두 개의 도형을 포갠다.

(도형 2) 이것을 180° 회전시킨다.

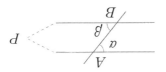

(도형 3)

두 직선이 두 점에서 만나게 되면 불합리하다. 따라서 **엇각이 같으면 평행**이라 할 수 있는 거죠.

(증명 끝)

어떤 문제!

(1) 병행도 교차가 되지 않는 선이다. 평행과는 어떻게 다른가?

(2) 방정식 $5x + 3 = 2x - 6$을 동치변형으로 풀어라.

우선 '부정'하는 것부터 출발의 도전

04

가 미 | '$\sqrt{2}$는 유리수가 아니다'(61페이지)와 '엇각이 같으면 평행'(83페이지)에서 '귀류법 (배리법)'으로 증명하는 것을 배웠는데, 저는 아직 이 방법을 잘 모르겠어요. 가르쳐 주세요.

미치 박사 | 수학에서 증명으로 사용하는 방법은 많이 있네. 여기서 하나로 정리해 보도록 하지.

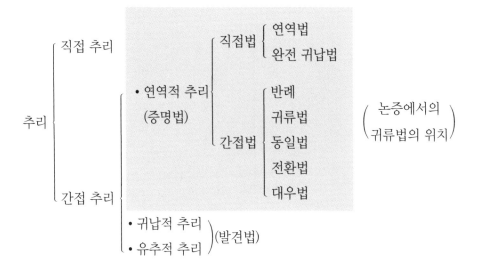

후데야 | 와, 상당히 많네요. 제가 모르는 것도 여러 가지가 있고요. '연역법'이 일반적인 증명법이잖아요. 그런데 귀류법의 연습문제는 어떤 거죠?

미치 박사 | 내용은 누구나 알고 있는 간단한 거라네. 오른쪽 도형과 같이 '원O에 접선 PA가 있을 때 $OP \perp PA$를 증명하라'는 것이라네.

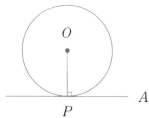

가 미 | 뭐야~ 쉬울 것 같은데…….

미치 박사 | 과연 그럴까? 그러면 원과 접선과의 관계는 어떤 건가?

가 미 | 원과 한 점에서 만나는 직선을 말하는 거잖아요. 그리고 이 점과 원의 중심과를 연결하는 선분은 반지름이 되고요.

후데야 | 그러면 이에 의거하여 '접선과 그 반지름이 직각으로 만난다' 고는 할 수 없어. 박사님은 그것을 증명하라고 하시는 건데.

가 미 | 이것은 '당연한 것' 이 아니기 때문에…… 저는 잘 모르겠어요.

후데야 | 당연한 것의 증명은 대개 **귀류법**으로 하는 거죠?

미치 박사 | 후데야가 자신 있는 것 같은데, 어디 한번 해 보겠나?

후데야 | 한번 해 볼게요.

우선 직각이 아니라는 결론을 부정합니다.

그러면 $\angle OQA = \angle R$ (직각)이 되는 점 Q가 PA
상에 있다. OQ는 수직선이고 최소이기 때문에 P
의 대칭점 P' 가 원둘레 상에 존재하게 되며, 이
직선은 원과 두 점에서 만나기 때문에 할선이 되
어 접선의 가정에 반한다.

따라서 $\angle OPA = \angle R$.

다 풀었습니다! 이러면 되는 거죠?

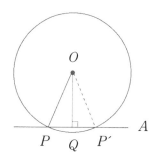

(부정하고 있기 때문에 눈에
비치는 도형은 이상하다.)

미치 박사 | 상당히 깔끔하게 해치웠군. 이 증명은 어렵고 이해하지 못하는 사람이 많아.

> 참고 '증명' 에는 사실로 나타내는 실증과 논리로 나타내는 논증이 있다.

어떤 문제!

(1) 앞 페이지의 증명 방법 중 하나인 '반례' 의 예를 들어라.

(2) 삼각형의 세 각의 이등분선이 한 점에서 만나는 것(내심이라 함)을 증명하라.

적당히 그린 작도에서 '좋다'고 하지 않는가?

05

미치 박사 | 지금 원의 접선에 대한 증명을 생각 해 보았는데, 원 외의 한 점에서 원에 접선 을 긋는 작도는 제법 어렵고 대학의 수학과 학생도 풀지 못하는 것이 있네. 아무튼 세 계대전 이후로는 '기하교육'의 필요성이 떨어져, 특히 작도는 대부분 다루지 않기 때문에 어쩔 도리가 없지만 말이야.

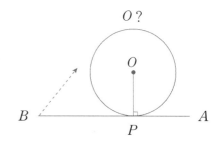

가 미 | 접선을 그리는 것이 그렇게 어렵나요? 초등학교 때부터 자를 이렇게 대고(오른쪽 도 형) 연필로 직선을 쭉 그렸는데.

후데야 | 박사님의 말씀으로는, 그것은 적당한 것 이고, 기하적으로 말하면 적당한 작도를 말 하는 것인데…….

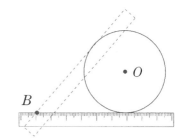

가 미 | 저는 도무지 무슨 말씀인지 모르겠어요.

미치 박사 | 대학생도 그렇게 태평한 사람이 많지. 하지만 이것은 엄밀한 작도가 아니거든. 바꿔 말하면 이렇게 되면 '이것이 접선이 다'라는 증명을 할 수 없거든.

가 미 | '짐작'이라는 건가……? 그러면 엄밀한 작도라는 것은 어떻게 하는 건데요?

미치 박사 | B와 원둘레상의 정확한 한 점을 자로 연결하는 거지.

가 미 | 눈금이 있는 자와 없는 자는 용도가 다른요?

미치 박사 | 정식 작도를 할 때는 눈금 없는 자를 사용하기로 돼 있네. 후데야! 「탈레 스의 정리」의 역을 사용한다'는 것을 힌트로 한번 해 보게나.

후데야 | 그럴 줄 알았다니까⋯⋯.

작도의 방법은⋯⋯ 우선 B, O를 연결하고 이것을 지름으로 하는 원을 그려 원 O의 둘레와 만나는 지점을 P, P' 라 하여 B, P 와 B, P' 를 연결하면 접선(두 개)을 그릴 수 있어요.

가 미 | 허, 여기서 O, P와 O, P'를 연결하면 $\triangle BPO$, $\triangle BP'O$에서 $\angle BPO = \angle BP'O = \angle R$(직각), 이것이 접선(85페이지)인가?

미치 박사 | 가미가 중얼거린 말이 바로 '증명'이네. 작도란 눈금이 없는 자와 컴퍼스만으로 주어진 조건의 도형을 그리는 것으로, 그 기본으로써 오른쪽 기본 작도가 있네.

'작도법'은 재미있는 분야라는 걸 알고 있으라구!

(참고) 탈레스의 정리

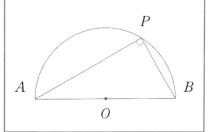
지름 위에 있는 원둘레 각은 직각

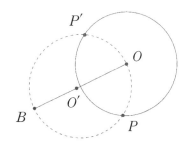

기본 작도

(1) 선분 AB와 같은 선분 A'B'를 긋는다.

(2) 각A와 같은 각A'를 만든다.

(3) 직선 밖의 한 점에서 평행선을 긋는다.

(4) 선분 AB의 수직 이등분선을 긋는다.

(5) 주어진 각의 이등분선을 긋는다.

어떤 문제!

(1) 탈레스의 정리를 증명하라.

(2) 크고 작은 두 개의 원에 접하는 공통 외접선의 작도법을 말하라.

컴퍼스로 1차, 2차 방정식을 푼다

06

미치 박사 | 이제 작도에 대해서 상당히 이해가 깊어졌을 텐데, '마지막 문제'를 하나 내지. '작도로 방정식을 푼다'는 말 근사하지 않나?

가 미 | 근사하긴 한데, 정말 가능할까요?

후데야 | 저는 해 본 적이 없기 때문에 흥미가 가는데요. 그래프를 사용하여 1차, 2차 방정식이나 연립방정식을 풀어는 봤지만……

머리 회전을 위해서 복습 한번 하죠.

(1) $x+2=5$

(2) $x^2-4=0$

를 푸는 데 오른쪽처럼 그래프를 사용해 봤습니다.

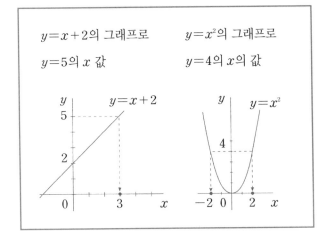

$y=x+2$의 그래프로 $y=5$의 x 값

$y=x^2$의 그래프로 $y=4$의 x의 값

미치 박사 | 방법은 전혀 다르지만 나름대로 괜찮군.

수학 역사상에서 대수와 기하의 분리가 있거나 또는 협력하여 문제를 푸는 경우가 몇 번 있었네.

피타고라스의 3평방의 정리

데카르트의 좌표 해석 기하학 } 등은 협력의 대표지.

근세의 무한 급수와 좁은 포스트잇 구적법

세계대전 이전에 수학 교육에서는 '대수와 기하는 다른 학문이기 때문에 대수는 대수, 기하는 기하로써 배워야 한다'고 했었네.

후데야 | 그러나 현대 수학에서는 통계, 확률은 물론이고 다른 학문 영역과도 각각 벽을 쌓지 않는 컴퓨터의 개발과 더불어 이른바 *학제적 연구로 종합화되고 있는 것과

같은 맥락이죠.

가 미 | 그거 좋은 일이네요. 수학 공부가 더욱 쉬워지겠는데요.

미치 박사 | 이 문제에 대해서는 나중에 생각해 보기로 하고, 우선은 1차 방정식의 작도로 풀어 보도록.

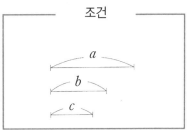

조건

(1) $x-a=b$

(2) $2x+b=a$

(3) $ax=bc$

주 a, b, c, x 는 모두 정수.

가 미 | (1) 은 간단하네요. 제가 할게요.

식을 변형하면 $x=a+b$ 로, 오른쪽 도표와 같아요. (2), (3) 은 후데야가 풀어 봐.

(1)

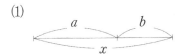

후데야 | $2x+b=a$ 를 변형하면

$x=\dfrac{a-b}{2}$ 로 오른쪽 도형과 같고,

또 $ax=bc$ 는 변형하여

$\dfrac{a}{b}=\dfrac{c}{x}$ $(a : b = c : x)$

(2)

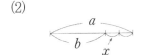

작도는 반직선 OA, OB 를 그리고 OA 상에 a, c 를 취하고, OB 상에 b 를 취한다. P, Q 를 연결하고 R에서 이것의 평행선 RS를 그리면 QS가 구하는 x 가 되죠. 서로 닮은 형의 서로 닮은비를 이용한 것인데……

(3)

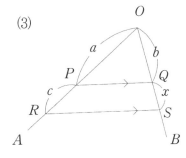

$\triangle OPQ \backsim \triangle ORS$

$PQ/\!/RS$

가 미 | 아, 그렇게 생각하면 되겠네요. 과연…….

미치 박사 | 그럼 2차 방정식으로 풀어 볼까?

계속해서 (4) $x^2=ab$, (5) $x^2=a^2+b^2$ 이다.

---

*학제적 연구 : 몇 개의 학문 분야에 걸치는 현상이나 문제를 구하고 해결하기 위해 요청되는 관계. 여러 과학에 의한 협동적이고 종합적인 연구를 말함.

가 미 | 조금씩 보이기 시작했어요. 저도…….

(4)는 정사각형과 직사각형, (5)는 피타고라스의 정리죠.

후데야 | 대단한데! 다음과 같이 풀면 될 것 같아요.

(4) $x^2=ab$ 지름 $(a+b)$의 반원을 그리고, 점 C의 수직선이 원둘레와 만나는 점을 D라고 하면 $DC=x$

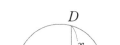

(5) $x^2=a^2+b^2$ 직각을 끼는 두 변 AB, AC를 그리고, B와 C를 연결하면 $BC=x$

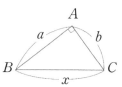

간단하기 때문에 증명은 생략하겠습니다.

미치 박사 | 그럼 계속해서 2차 방정식.

(6) $x^2+ax-b^2=0$ (7) $x^2-ax+b^2=0$

(8) $x^2-ax-b^2=0$ (9) $x^2+ax+b^2=0$

자, 이번에는 좀 어려울게다.

후데야 | 모두 식을 변형하는 거죠.

(6) $x(x+a)=b^2$ (7) $x(a-x)=b^2$ (8) $x(x-a)=b^2$

사용하는 도형은 다음과 같고요.

(도형 1) $x(x+a)=b^2$ (도형 2) $x(a-x)=b^2$

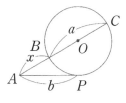 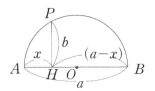

신비 방정식을 작도로 풀 수 있다!

어떤 문제!

(1) 위의 도표 1, 2의 도형의 성질을 증명하라.

(2) $x^2+ax+b^2=0$ 가 작도로 풀 수 없는 이유를 말하라.

1 79페이지

(1) (예)

평행사변형

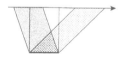

(2)

도형 왼쪽 꼭지점을 민다   오른쪽 일직선으로 180°

2 81페이지

(1) $AB > AC$

라 하고 AB 상에

$AC = AD$가 되는

점 D를 취한다.

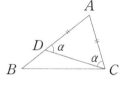

$AC = AD$에 의해

$\angle ADC = \angle ACD = a$

$\triangle DBC$에서 $a > \angle B$, 한편 $\triangle ABC$에서

$a < \angle C$ 따라서 $\angle B < a < \angle C$

$\therefore \angle C > \angle B$

(주) 이 정리의 역도 성립된다.

(2) A, B를 지나는 지구

의 중심을 포함하는

단면의 원(큰 원이라 함)

의 호를 말한다.

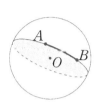

3 83페이지

(1) 병행이란 철도의 두 레일과 같은 것으로, 어

디까지나 만나지 않지만 '직선은 아니다'.

(2) $5x + 3 = 2x - 6$

이항한다 $5x - 2x = -6 - 3$

정리한다 $3x = -9$

양변을 3으로 나눈다 $x = -3$

이 과정은 모두 동치변형.

4 85페이지

(1) '비가 오기 때문에 등산을 그만두었다' 의 역

'등산을 그만둔 것은 비가 오기 때문이다' 는

반드시 참이 되는 것은 아니다.

(반례) 병들었다.

지하철 노조 파업.

(2) $\angle A$, $\angle B$의 이

등분선이 만나는

지점을 I라고 한

다. I에서 두 변

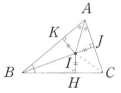

BC, AC에 수직선 IH, IJ를 내리면

$IJ = IH$ ($IJ = IK = IH$에 의해)

$\triangle IHC \equiv \triangle IJC$

(직각삼각형의 사변과 다른 한 변)

따라서 $\angle ICH = \angle ICJ$

이에 의해 CI는 $\angle C$의 이등분선.

따라서 세 개의 각의 이등분선은 한 점에서

만난다.

(주) 이것은 뒤에 나오는 '동일법'에 의한 증명으로,

처음에는 IC가 $\angle C$의 이등분선임을 인정하지 않고

(부정) 추론해 나간다. 일종의 귀류법이다.

5 87페이지

(1) $\triangle PAB$는 두 개
의 이등변삼각형
이 만들어진다.
같은 각을 α, β라고 하면

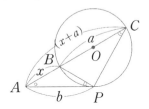

$\triangle PAB$의 내각의 합은 $(\alpha+\alpha)+(\beta+\beta)=$
$2\angle R$ (두 직각)

따라서 $\alpha+\beta=\angle R$

이에 의해 $\angle P=\angle R$

(2) 지금 두 원 O, O'의 반지름의 차를 l이라
하고, OO'를 지름으로 하는 반원을 그린다.
다음에 이 원둘레와 O'를 중심, 반지름 l의
원과 만나는 지점을 A라 한다. O'와 A를
연결, $O'A$의 연장선과 원 O'와의 만나는
지점을 H'라고 한다.

이 $O'H'$와 평행선을 O에서 그리고, 원 O
의 원둘레와의 만나는 지점을 H라고 하면,
H'와 H를 연결하는 직선이 구하는 공통
외접선이다.

(주) 대칭형으로 또 하나 그릴 수 있다. (증명의 힌트)
사각형 HOAH'는 직사각형이다.

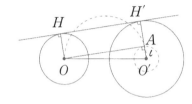

6 90페이지

(1) 도형 1의 증명

B, P와 C, P를 연결하면

$\triangle ABP \backsim \triangle APC$ (두 각이 같다)

따라서 $\dfrac{AP}{AC}=\dfrac{AB}{AP}$

이에 의해 $AP^2=AB\cdot AC$

즉, $x(x+a)=b^2$

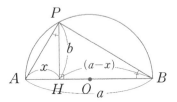

도형 2의 증명

A, P와 B, P를 연결하면

$\triangle AHP \backsim \triangle PHB$ (두 각이 같다)

따라서 $\dfrac{AH}{PH}=\dfrac{PH}{BH}$

이에 의해 $PH^2=AH\cdot BH$

즉, $x(a-x)=b^2$

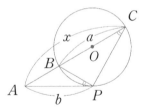

(2) a, b, x 모두 정수이기 때문에 그 합이 0이
되는 일은 없다.

(참고) $x(x-a)=b^2$ 때는 아래 도표에 의한다.

6 Chapter

'어느 세상에나 천재가 있다'고 느끼는 도형의 발견

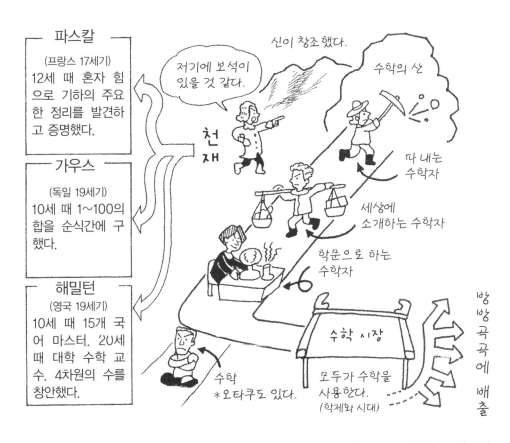

파스칼

(프랑스 17세기) 12세 때 혼자 힘으로 기하의 주요한 정리를 발견하고 증명했다.

가우스

(독일 19세기) 10세 때 1~100의 합을 순식간에 구했다.

해밀턴

(영국 19세기) 10세 때 15개 국어 마스터. 20세 때 대학 수학 교수. 4차원의 수를 창안했다.

저기에 보석이 있을 것 같다.

신이 창조했다.

수학의 산

천재

따 내는 수학자

세상에 소개하는 수학자

학문으로 하는 수학자

수학 시장

수학 *오타쿠도 있다.

모두가 수학을 사용한다. (학제화 시대)

방방곡곡에 배출

*오타쿠 : 마니아보다 광적인 사람을 일컫는 일본 말로, 특정 분야나 물건을 좋아하고 관련 제품 및 관련 정보의 수집을 적극적으로 하는 사람.

'5'는 귀문(鬼門)이 아닌 '기문(奇門)'이다

01

후데야 | 수학자는 피타고라스로 대표되듯이, 수나 숫자에 구애 받고 있어요. 남자가 둘이고 여자가 셋으로, 결혼이 5라는 식으로……

가 미 | 일반인이나 사회에서도 수나 숫자에 구애 받는 일이 많이 있잖아요. 7이나 8은 재수가 좋고 4나 9, 13은 흉하다느니 말이에요.

미치 박사 | 수나 숫자는 항상 우리 주변에 있기 때문이겠지. 이번에는 '5'에 구애를 받아 보자구. 수학계에서는 위와 같이 '5의 이름이 붙는' 5개의 유명한 것이 있네.

가 미 | 제5공준(공리) (82페이지), 5각형(별 모양의) (78페이지)은 알고 있지만……

후데야 | 제5정리라는 것은 '이등변삼각형의 양 밑각은 같다'고 하는, 언뜻 보기에는 쉬운 것 같으면서도 어려운 것 같아요. 18, 9세기 영국의 명문 옥스퍼드, 캠브리지대학의 수재가 이런 문제에서 낙오되었다고 해서 '당나귀의 다리' (어리석은 자가 탈락한 곳)라 하게 되었다고 하죠.

가 미 | 와! 재미있는 이야기다. 좀 더 자세히 가르쳐 줘 봐.

그리고 5차 방정식도……

후데야 | 이것도 오랫동안 어려운 문제로만 여겨 온 것인데, 즉 1차~4차 방정식에는 모두 '풀이의 공식'이 있는데 5차가 되면 안 되는 거야.

가 미 | 안 된다는 증명은 됐겠죠?

미치 박사 | 그러면 여기서 '삼각형의 5심'을 생각해 보자.

후데야 | 제가 잘 알아요.

(1) 내심 (내접원의 중심)　　(2) 외심 (외접원의 중심)

(3) 방심 (방접원의 중심)　　(4) 중심　　　　　　　　(5)수심

가 미 | 내심, 외심, 중심뿐만 아니라 작도법 등도 좀 더 상세히 설명해 주세요.

후데야 | 그러면 증명은 나중에 하고 작도부터 시작하지.

(1) 내심 (85페이지)은 앞에서 설명했고,

(2) 외심

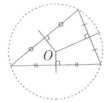

세 개의 변의 수직이등분선의 교점(만나는 점).

(3) 방심

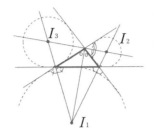

하나의 내각과 두 개의 외각의 이등분선의 교점(세 개 있다).

(4) 중심

세 개의 중심선의 교점.

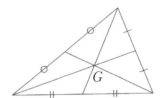

(5) 수심

각 꼭지점에서 대변에 내린 세 개의 수직선의 교점.

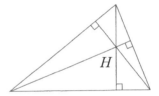

미치 박사 | 설명 잘했네. 이 증명은 거의 동일법 (91페이지)에 의하지. 나중에 생각해 보도록 하게.

신비 세 개의 직선이 한 점에서 만나는 우연 중의 필연.

어떤 문제!

(1) '당나귀의 다리'에 대해서 생각해 보라.

(2) 중심의 존재(3중선이 한 점에서 만난다)를 증명하라.

수험지도 전문가가 명명한 '중점 연결 정리'의 응용

02

미치 박사 | 수학은 '편차치'로 대표되듯이 수험에 나쁜 영향을 주는 과목이라고 생각하기 쉬운데, 이것은 큰 오해란다.

가 미 | 하지만 저는 '수능시험에 수학이 없으면 좋겠다'는 생각이에요.

후데야 | 한 시기에 뭔가에 열중하고 집중하여 공부하는 것도 중요한 게 아닐까?
그러는 과정에서 자신의 발견도 할 수 있다고 생각하는데…….

미치 박사 | 상당히 득도한 것 같은 소리를 하는군. 내 나이쯤 되면 깨닫게 되는 것을 말야. 수학에서는 옛날부터 수험지도 전문이라는 '개인지도 하는 사람'이 있어서 과외로 수학 교육을 해 왔지.

가 미 | 예를 들면 어떤 것이죠?

미치 박사 | *학거북산(학구산). *여행자산, *시계산, *식목산, *유수산…….
들은 적이 있을 거다. 이것들은 1930년대 전후에 '어려운 문제를 풀면 머리가 좋아진다'고 하여 당시 중학교 시험 문제에 '응용문제'로 출제되었었지. 그 수험 대책으로써 많은 응용문제를 유형 별로 나눈 것이, 이 ○○산식으로 'A유형은 ①방식으로 푼다'고 하는 조건 반사적, 실전 교육을 고안한 거지.

---

*학거북산(학구산) : 학, 거북의 합계와 그 발의 합계로 각기 몇 마리인가를 계산해 내는 셈. 산술에서 사칙 응용문제의 하나.

*여행자산 : 산술에서 사칙 응용문제의 하나로, 다른 지점을 출발한 두 여행자가 만나는 데 요하는 시간을 구하거나 먼저 출발한 사람을 뒤에서 따라가기 시작한 사람이 따라잡기 위한 소요 시간을 구하는 것.

*시계산 : 한 시각을 기준으로 시계의 긴 바늘과 짧은 바늘이 이루는 각이 지정된 각도가 되는 것은 몇 시인가, 또는 그 역(한 시각을 지정하여 그때의 긴 바늘과 짧은 바늘이 이루는 각도)을 계산하는 문제.

*식목산 : 선 또는 원형으로 서 있는 나무, 기둥 등에 대해서 그루 수와 그 간격의 수와 전체의 거리 중 두 개를 알고 다른 하나를 구하는 산법.

*유수산 : 수학의 응용문제 형태의 하나로, 흐르는 강을 오르내리는 배의 속도에 관해서 출제되는 문제.

후데야 | '○○산'은 원래 에도 시대 서당의 교과서 「진겁기(塵劫記. 17세기)」라는 수학책에서 따 온 명칭이겠죠?

미치 박사 | 그럴 거야. 그 책에 여러 가지 명칭이 있으니까. 독특한 발상이지.

그러면 본래 이야기로 돌아갈까? 이 수험 전문가가 여러 가지 학습 능률을 올리는 데 궁리하고 고안한 것 중의 하나가 **중점 연결 정리**라는 것이 있다. 옛날에는 명칭이 없었던 정리야.

가 미 | 원둘레 각의 정리, *접현 정리 등과 같이 '이름이 붙은 정리'로 승격한 건가요?

후데야 | 이 정리는 '삼각형의 두 변의 중점을 연결하는 선분은 제 3변에 평행이고, 길이는 $\frac{1}{2}$ 이다' 라는 거죠. 이것은 여러 가지로 발전하여 이용되고 있어요.

예를 들면 문제에서

$\frac{1}{2}BC \underset{=}{/\!/} MN$

(기호 $\underset{=}{/\!/}$ 는 평행이고 같다)

① 사다리꼴

$$AD + BC = 2MN$$

② 변이 같지 않은 사각형

MN은 직선 AB, DC와 등각을 이룬다 $(AB = DC)$.

③ 두 개의 삼각형

사각형 $MQRN$은 평행사변형.

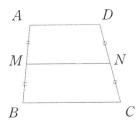

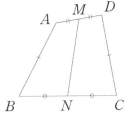

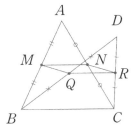

미치 박사 | 모두 보통의 방법으로 증명하면 시간과 수고가 많이 들지만 중점 연결 정리를 사용하면 긴단히 풀 수 있는 문제야. 해 보도록!

신비 '수험'이라는 전쟁에서도 좋은 결과를 낳았다.

―――――――
*접현 정리 : 원의 접선과 그 접점을 지나는 현과 만드는 각은 그 각 안에 있는 호에 대한 원둘레 각과 같다.

어떤 문제!

(1) 중점 연결 정리를 증명하라.

(2) 위의 ②를 두 가지 방법으로 증명하라.

꺾은 선을 직선으로 바꿔도 '가감이 없는' 생각

03

미치 박사 | 이쯤에서 '숨돌리기 문제'를 생각해 볼
까? 그러면 구체적으로 들어가서…….
'후데야와 가미의 땅이 접해 있고, 오른쪽과
같은 꺾은 선으로 경계가 되어 있다. 꺾은 선은
불편하기 때문에 점 P에서 직선으로 그리도록
하는 문제!' 그런데…… 그런데 어떤 직선으로
하면 되겠는가?

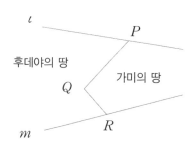

가 미 | P, R을 연결하고, 삼각형 PQR의 면적은 후데야에게 준다는 건 안 되겠군요.

후데야 | 그렇게 하면 수학의 작도 문제가 아니지.
이 작도는 **가정법적**으로 '만약 잘 나누어졌다고 하면……'
하고 생각하고 들어가는 거 아닌가요?

미치 박사 | '잘되었다'는 생각…… 작도의 기본 방
침이 되어 있군. 그리고 그것을 되돌아와서 분
석하고 '해결의 키'를 발견하는 것이네.
('해석'이라는 작업)

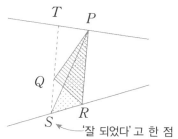

'잘 되었다'고 한 점

가 미 | 삼각형 PQR – 주는 부분
삼각형 PSR – 얻는 부분 ⎫ 이 같으면 된다.
그러면 이 점 S는 어떻게 구할 것인가? 하는
거죠.

미치 박사 | 근사치에 다가갔군. 그 도형을 시계 방
향으로 90° 회전하면 '밑변이 일정하고 높이
가 같은 삼각형은 면적이 같다'는 식을 사용할
수 있지. 이를 테면 점 Q에서 PR에 평행한

실은 77페이지의 도형이다!

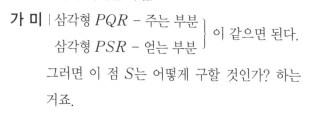

직선을 그리고, 점 S를 구하면 완료! 그런데 작도에서 면적을 바꾸지 않는 변형을 등적(면적 혹은 부피가 같은 것)변형이라고 하는데, 다음 두 가지에 도전해 볼 텐가?

삼각형의 이등분

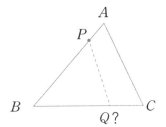

사각형의 이등분

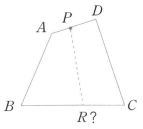

가 미 ㅣ칭찬해 준 건 기쁘지만 이 삼각형을 꼭지점 A에서 AM으로 이등분하고, 그 다음은 등적 변형으로 PQ를 만들면 되죠.

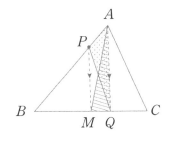

M은 BC의 중점

어떤 문제!

(1) 위의 사각형의 이등분의 작도를 그려라.

(2) 오른쪽 도형은 '히포크라테스의 초승달'이라는 도형으로, '직선 도형과 곡선 도형이 등적'이라는 보기 드문 형태이다. (어떤 등적변형) 이것을 증명하라.

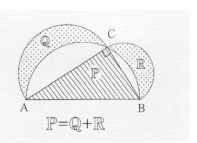

04

미치 박사 | 수학의 이용은 '만담'이나 영화, 텔레비전의 '명재판관' 등으로 가끔 등장하기 때문에 아주 흥미 있게 보고 있네.

가 미 | '메밀 계산을 둘러싼 사기'니 '항아리 계산' 같은 것이 그거죠?

후데야 | 맞아! 저도 알고 있어요. '메밀 계산을 둘러싼 사기'는 손님이 돈을 지불할 때 1푼씩 '하나, 둘, 셋, 넷, ……, 일곱, 여덟, 지금 몇이지?' 그러면 가겟집 주인이 '아홉입니다' 하면 '열, 열하나……' 하고 세어 1푼을 속인다는 이야기죠.

'항아리 계산'은 항아리를 사러 간 남자가 처음에 1냥 짜리 항아리를 사고, 잠시 후에 가게로 되돌아와서 '이 항아리가 1냥, 조금 전에 돈 1냥을 지불했으니까 합계 2냥이니까 이 '2냥 짜리 항아리' 하고 바꿔 가겠소.' 하고 가져간다는 이야기고요.

가 미 | 속임의 논리가 그럴 듯하네요.

후데야 | *오오오카 명재판관의 '세 사람이 1냥씩 손해'가 유명하죠.

오오오카 재판관은 자신의 돈 1냥을 더해서 4냥을 만들었고,

목수는 3냥을 잃어버렸지만 2냥

미장이는 3냥 얻을 수 있는 것을 2냥 }을 손에 쥐었다.

그래서 세 사람이 1냥씩 손해를 보았다고 하는 공평한 재판 이야기.

이 항아리 1냥이지? 합계 2냥.

네, 아까 1냥 받았습니다.

---

*오오오카(大岡) : 공평하고 인정미 넘치는 교묘한 재판관. ⟨미장이가 3냥이 든 주머니를 줍고, 그것을 떨어뜨린 주인인 목수에게 전달하려고 했지만 그는 그것을 받지 않는다. '준다' '받을 수 없다' 하고 다툰 끝에 오오오카 재판관에게 가게 되었다.⟩

미치 박사 | 후데야도 제법 정통하군. 발전적인 이야기로 '세 사람이 1냥씩 득'을 얻는 이런 재치 있고 기묘한 이야기는 서민뿐만 아니라 최고위층에도 전해지지. 예를 들면 천하 통일을 이룩한 도요토미 히데요시가 '도량형' 제도를 개정했을 때 전통적인 옛날 되를, 1669년에 에도 막부가 새로 만든 되로 대체 사용하게 한 이야기는 유명하네.

가 미 | 어떤 얘긴데요?

미치 박사 | 옛날 되는 5치×5치×2.5치였는데 새로 만든 되는 세로, 가로를 0.1치씩 줄이고, 높이를 0.2치를 늘린 되로 천하를 통제했단다. (양에 변화 없음을 선전).

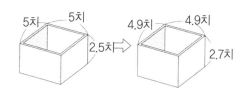

전통적인 옛날 되   새로 만든 되

가 미 | 용량은 같지 않나요?

후데야 | 위험천만! 나중에 계산해 봐.

그런데 박사님, '나폴레옹의 문제'라는 것은 어떤 문제입니까? 그 유명한 나폴레옹 작도입니까?

미치 박사 | 그렇게 전해지고 있지. 아, 참! 그는 육군사관학교의 포병 출신이니까

　　①대포의 탄도 연구　　②모자에 의한 거리 개측(槪測: 대략적 크기를 구하는 것)

　　등 수학적 센스나 수학 존중주의로 유명하다고.

　　여기서 문제는 '컴퍼스만으로 내접 정사각형을 그려라'

　　라는 것이야.

후데야 | 컴퍼스로는 직선을 그릴 수 없어요, 박사님.

미치 박사 | 이를 테면 오른쪽 4점을 정해야 하는데, 제법 어려울걸.

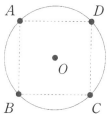

어떤 문제!

(1) 새로 만든 되와 옛날 되의 차는 어느 정도인가?

(2) '나폴레옹의 문제'를 작도하라.

05

미치 박사 | 지금 여기에 3권의 책이 나란히 서 있네.
그런데 종이벌레가 첫 번째 권의 표지부터 갉아먹기
시작하여 세 번째 권까지 먹어 들어갔어. 이 책의 두
께는 모두 2센티미터네. 그러면 종이벌레는 몇 센티
미터 움직였을까?

가 미 | 2cm×3으로 6cm. '박사님의 문제'라고 해서 괜히
긴장한 건 아니겠죠?

후데야 | 이것은 박사님 특유의 패러독스라 생각해요.
아마 첫 번째 권의 뒤표지에서 세 번째 권의 겉표지까
지라 하고, 정답은 2cm겠죠?

미치 박사 | 맞았네! 순진한 가미에겐 미안하군. 좀 더 진지
한 화제로 하지. 이 책의 크기는 $A5$판이지만 이 $A5$
란 무엇을 뜻할까? (보통 종이는 B4 등)

바로 위에서 본 모양

가 미 | '영어 ⇒ 英語'라는 시시한 익살이 나오진 않겠죠?

미치 박사 | 아니, 당분간 패러독스는 하지 않을 거야.
$A5$판이라는 규격은 1940년 세계대전에서 물자 절약
의 목적으로 상공부에서 정한 거야.
우선 A판과 B판이 있네, 전지 치수는
A열 판형 625×880(㎜)
B열 판형 765×1085(㎜)
크기는 각각 0~12번까지 있어서 모두 서로 닮은꼴
로 되어 있네. 이것은 재단할 때 버리는 부분을 최대
한 줄이기 위한 지혜. 그러면 두 사람은 다음 표에서 무엇을 발견할 수 있지?

이 책의 표지

후데야 | 841 ： 1189 와 594 ： 841 등 각 판의 종횡의 비에 착안하라는 거죠?

미치 박사 | 그런데 약간 두꺼운 책에 대해서 아무렇게나 펼쳤을 때 재미있는 발견을 하게 될 거야. 페이지의 종이 기울기 ($\angle PAH$)가 일정하다는…….(이상화한 이야기)

책을 펼치면…….

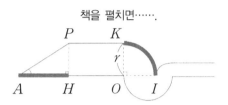

A판의 크기

열 번호	단위(mm)
$A0$	841×1189
$A1$	594×841
$A2$	420×594
$A3$	297×420
$A4$	210×297
$A5$	148×210
$\vdots$	$\vdots$
$A12$	13×18

후데야 | 도형에서 말하면 호 $\overset{\frown}{IK} = AH$부터 계산하는 거죠. 지금 $OK = r$이라고 하면 $AH = 2\pi r \times \dfrac{1}{4} = \dfrac{\pi r}{2}$

$$tan \ \angle A = \frac{PH}{AH} = \frac{r}{\dfrac{\pi r}{2}} = \frac{2}{\pi} \ (\text{일정})$$

분명히 이상적인 경우는 일정하다.

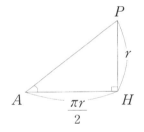

어떤 문제!

(1) $A5$판의 세로, 가로의 비를 구하라.

(2) $\angle A$의 값을 조사하라.

'당연함'에 의문을 갖게 하는 '채워진 상자'의 불가사의

06

후데야 | 제가 일전에 스포츠 용품 가게에 갔을 때 젊은 점원이 '볼이 세로 8개, 가로 5개 합계 40개가 상자에 채워져 있는데, 실은 나란히 넣는 방법에 따라 한 개를 더 넣을 수 있다'는 말을 했어요. 하지만 지금도 납득이 가지 않아요.

미치 박사 | 아주 유명한 이야기로군. 보통 정연하게 나란히 넣은 것 (오른쪽 도형의 왼쪽)과 같이 아름답지는 않지만 번갈아 넣으면 (도형의 오른쪽) 정확히 41개가 들어간다네.

가 미 | 틈이 없을 것 같은데 들어갈 수 있다는 거군요.

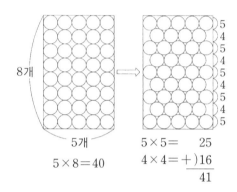

$$5 \times 8 = 40$$

$$5 \times 5 = 25$$
$$4 \times 4 = +)16$$
$$\overline{41}$$

후데야 | 이 생각을 발전시키면 세로 10개, 가로 10개 합계 100개를 넣을 상자에 5개나 더 넣을 수 있다는 셈이 되는데…… 이상한데요.

미치 박사 | '당연하다'느니 '상식'으로 손을 대 보면 뜻하지 않은 발견을 하게 되어 재미있는 법이야.

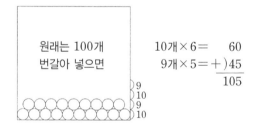

원래는 100개
번갈아 넣으면

$$10개 \times 6 = 60$$
$$9개 \times 5 = +)45$$
$$\overline{105}$$

어떤 문제!

(1) 지름 10㎝의 6개의 깡통주스를 한데 모아서 끈으로 묶을 때 끈의 길이를 최소로 하는 나열법을 구하라. (묶음의 길이는 생각하지 않는다)

(2) 번갈아 나열하면 더 넣을 수 있다는 것을 수학적으로 설명하라.

1 95페이지

(1) 이 증명에서는, 중학교에서

① 꼭지점에서 중선을 긋는다 (3변 합동)

② 정각의 이등분선 (2변과 끼인각 합동)

③ 꼭지점에서 수직선 (직각삼각형 합동)

의 세 가지 방법이 있으며, 극히 쉬운 정리다. 그러나 '유클리드 기하학'에서는 위의 ①~③의 정리는 9, 10, 11번째에서 다섯 번째 다음에 있기 때문에 사용하지 않는다. 실제는 정리 1~4로 장황하게 증명하는 난해한 것이다.

(2) △ABC 안에 사각형 $LPQN$을 만들면 중점 연결 정리(97페이지)에 의해 $PQ \underset{\shortparallel}{=} LN$. 이것은 평행사변형. 따라서 점 G는 중선 BN, CL 모두 2 : 1로 나누는 점이 된다. 마찬가지로 중선 AM도 G에 의해 2 : 1로 나눌 수 있다. 요컨대 세 직선은 한 점 G에서 만난다.

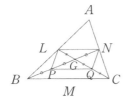

2 97페이지

(1) MN을 연장하여 $MN = ND$가 되는 지점을 D라고 한다.

$$\triangle AMN \equiv \triangle CDN \text{ (두 변과 끼인 각)}$$

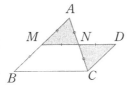

$\therefore AM \underset{\shortparallel}{=} CD$

$\therefore MB \underset{\shortparallel}{=} CD$

따라서 사각형 $MBCD$는 평행사변형.

$$\therefore \frac{1}{2} BC \underset{\shortparallel}{=} MN$$

(2) (증명 1) 중점 M에서 $AB \underset{\shortparallel}{=} MP$ $DC \underset{\shortparallel}{=} MQ$ 가 되는 P, Q 두 점을 취한다.

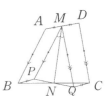

$\triangle BPN \equiv \triangle CQN$ (두 변이 끼인 각)

에서 $PN = QN$

$\triangle MPN \equiv \triangle MQN$ (3변이 합동)

따라서 $\angle PMN = \angle QMN$

$\therefore MN$은 직선 AB, DC와 등각을 이룬다.

(MN은 △MPQ의 중선)

(증명 2) 정리의 이용 DB의 중점을 P라고 하면

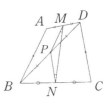

$\triangle MPN$은 정리에 의해 이등변삼각형이 되며,

$\angle PMN = \angle PNM$. $\therefore$ 성립된다.

3 99페이지

(1) 우선 등적 변형의 작도에서, 점 A에서 이 사각형을 이등분하는 직선 AQ를 구한다. 다음에 AQ를 PR에 등적변형하면 된다. (같은 순서를 두 번 한다)

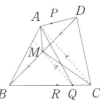

(2) $Q+R=P+\left(\dfrac{AC}{2}\right)^2\pi\cdot\dfrac{1}{2}$

$\qquad +\left(\dfrac{BC}{2}\right)^2\pi\cdot\dfrac{1}{2}-\left(\dfrac{AB}{2}\right)^2\pi\cdot\dfrac{1}{2}$

$\quad =P+\dfrac{\pi}{2}\cdot\dfrac{1}{4}\underset{\text{피타고라스 정리에서 0}}{=(AB^2+BC^2-AB^2)}$

$\quad =P$

4 101페이지

(1) 전통적인 옛날 되

$5\times5\times2.5=62.5$(세제곱 치)

개량 되

$4.9\times4.9\times2.7=64.827$(세제곱 치)

3.7퍼센트 많게 된다.

되 하나의 양으로는 눈에 띄지 않지만 한 가마니가 됐을 때는 상당한 차이가 나서 농민도 알아챘다고 한다.

(2) 원둘레를 반지름으로 6등분하여 순서대로 A, B, C, D, E, F라고 한다.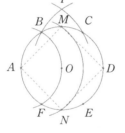

$\begin{cases} A\text{를 중심,} \\ \quad \text{반지름 AC} \end{cases}$

D를 중심, 반지름 DB인 원과 만나는 점을 P라고 한다.

다음에 A를 중심, 반지름이 OP인 원이 원 O와 만나는 점을 M과 N이라고 하면, 네 점 A, N, D, M이 구하는 정사각형의 네 점이 된다.

(증명) 각자 증명하라.

5 103페이지

(1) A5 $\dfrac{210}{148}\fallingdotseq1.4189$

또

$\dfrac{1189}{841}\fallingdotseq1.4138$

$\dfrac{841}{594}\fallingdotseq1.4158$ 등

$A0\sim A12$의 어느 것이나 약 1.41 $(\sqrt{2})$의 비로 되어 있다.

$\sqrt{2}:1$로 서로 닮은꼴이 된다.

(2) $\tan\angle A=\dfrac{2}{\pi}\fallingdotseq0.637$

대수표의 $\tan$의 값에서 $\angle A\fallingdotseq32.5°$

이론적으로는 어떤 책에서나 기울기는 약 $32.5°$

6 104페이지

(1) 오른쪽 다섯 종류

②=③=④

엇갈림이 없으면 ⑤가 최소.

(2)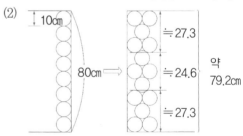

오른쪽 위와 같이 3단 한 조로 하여 아래와 같이 생각하면 납득할 수 있다.

(계 79.2㎝, 아직 약간 틈이 있다)

(주)

$5\sqrt{3}㎝$

$(5\sqrt{3}-5)\times2=10(\sqrt{3}-1)$

$\fallingdotseq7.3㎝$

7 Chapter
천문 관측에 이용된 삼각비의 전통

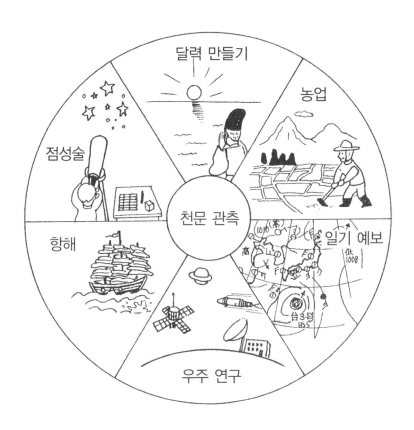

인간은 왜 태고 때부터 천문 관측을 했는가

01

미치 박사| 어젯밤은 금세기 최장이라 일컫는 '개기
월식'(2000년7월16일)이 있었는데, 혹시 두 사람
보았나?

가 미| 네, 봤어요. 자연계의 불가사의에 정말로 감
동했어요.

후데야| 월식이니 일식이니 하는 것을 인류는 언제
쯤 발견하고 깨달은 거죠?

가 미| 옛날에는 하늘의 문이 열려 새로운 왕이 나타
난다거나 하늘의 문이 닫혀 나라가 멸망한다고
한 것은 일식과 월식을 두고 한 말이었잖아요.

미치 박사| 고대 그리스의 탈레스는 '기원전 585년
5월 28일에 일식이 일어난다'고 예언했다는
말이 전해지고 있네. 상당히 오래됐지.

후데야| 그런데 탈레스가 '바닷가에서 먼 바다에 떠
있는 배까지의 거리를 측정했다'고 배운 기억
이 있어요. 이 방법은 천문 관측에도 이용되고
있다는데…….

　　주 오른쪽 방법은 바닷가가 좁을 때 닮은꼴로
도 이용할 수 있다.

가 미| 삼각형의 성질을 토대로 한 측량이 '삼각측
량'이고, 그 기본이 '삼각비'잖아요. 그 역사에
대해서 가르쳐 주세요.

도심 하늘에 떠 있는 달이
사라지는 모습

천문 관측의 원리

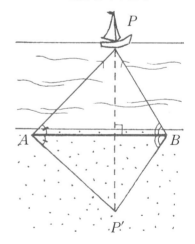

미치 박사 | 기원전 6세기 탈레스가 천문 관측의 기초를 구축하다.

기원전 2세기 히파르코스(Hipparchos)가 삼각법을 창시하여 사인함수표(sin)를 만들다.

기원 1세기 메넬라우스가 구면삼각형 연구.

기원 2세기 프톨레마이오스가 「알마게스트」 저작.
고대 최고의 천문학자.

동시대 중국의 수학자 유휘가 「해도산경(海島算經)」(바다에 뜨는 섬까지의 거리를 측정하는 책) 저작.

이상이 학문이 될 때까지의 토대이고, 그후 인도, 아라비아 등에서 신관이 천문학자를 겸해 발전시켰다. (고대 이집트도 마찬가지)

후데야 | 삼각비는 107페이지의 그림에서 나타낸 6개 분야에서 이용되고 있죠. 지상, 하늘 어느 쪽에나 응용할 수 있고, 먼 저편까지의 거리 측정이 가능하죠.

가 미 | 월식, 일식 현상은 작도 (87페이지)와 관련이 있겠네요.

신비 자연계는 바로 수학의 미!

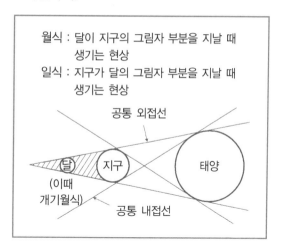

월식 : 달이 지구의 그림자 부분을 지날 때 생기는 현상

일식 : 지구가 달의 그림자 부분을 지날 때 생기는 현상

공통 외접선

달 (이때 개기월식)

지구

태양

공통 내접선

어떤 문제!

(1) 높이의 측정에서는 '45°의 이용'이 뛰어나다. 어떤 사용법이 있는가?

(2) 위의 공통 내접선을 작도하라.

02

가 미 ┃ 사인, 코사인이니 미적분은 수학을 싫어하는 사람이 말하는 난해의 대명사예요.

후데야 ┃ 옛날, '수험생 블루스♪'라는 노래가 한때 유행했던 것 같은데, 이 가사 중에 제곱근, sin, cos이 들어 있어요. 수학의 어려움을 표현하기 위해 담았던 것 같아요.

가 미 ┃ $\sqrt{}$까지는 괜찮은데 log니 sin이 붙으면 '수'라는 생각이 들지 않아요. 이것으로 '당나귀의 다리'(92페이지)는 아니지만 대개의 사람들이 하나둘씩 떨어져 나가는 것 같아요.

미치 박사 ┃ 그러면 지금까지의 관례상 관문 통과하기로 하지.

후데야, 삼각비의 정의, 대소, 사칙, 삼법칙을 설명해 봐!

후데야 ┃ 다음과 같이 6개 조의 비를 정의하죠.

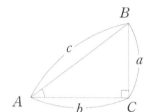

$$sinA = \frac{a}{c}, \quad cosA = \frac{b}{c}, \quad tanA = \frac{a}{b}$$
(사인)　　　　　(코사인)　　　　　(탄젠트)

$$cosecA = \frac{c}{a}, \quad secA = \frac{c}{b}, \quad cotA = \frac{a}{b}$$
(코시컨트)　　　(시컨트)　　　　(코탄젠트)

　주　아래의 3개 조는 보통 사용하지 않는다.

가 미 ┃ 피타고라스의 정리에서 $sin^2\alpha + cos^2\alpha = 1$

또 $tan\alpha = \dfrac{sin\alpha}{cos\alpha}$ 의 공식이 생겨요.

후데야 ┃ 여기까지는 괜찮은 것 같은데……

미치 박사 ┃ 삼각비만큼 까다로운 공식이 많은 건 없네. 전부 나열해 볼 테니.

'와, 지독하다! 이게 일부야' 하고 넌더리 치지 않도록!

[삼각비 공식] (tan는 생략)

덧셈정리

$$sin(\alpha \pm \beta) = sin\alpha\ cos\beta \pm cos\alpha\ sin\beta$$
$$cos(\alpha \pm \beta) = cos\alpha\ cos\beta \mp sin\alpha\ sin\beta$$

곱을 합(차)으로 변형

$$sin\alpha\ cos\beta = \frac{1}{2}\{sin(\alpha+\beta) + sin(\alpha-\beta)\}$$
$$cos\alpha\ sin\beta = \frac{1}{2}\{sin(\alpha+\beta) - sin(\alpha-\beta)\}$$
$$cos\alpha\ cos\beta = \frac{1}{2}\{cos(\alpha+\beta) + cos(\alpha-\beta)\}$$
$$sin\alpha\ sin\beta = -\frac{1}{2}\{cos(\alpha+\beta) - cos(\alpha-\beta)\}$$

합(차)를 곱으로 변형

$$sin A + sin B = 2sin\frac{A+B}{2}cos\frac{A-B}{2}$$
$$sin A - sin B = 2cos\frac{A+B}{2}sin\frac{A-B}{2}$$
$$cos A + cos B = 2cos\frac{A+B}{2}cos\frac{A-B}{2}$$
$$cos A - cos B = -2sin\frac{A+B}{2}sin\frac{A-B}{2}$$

2배 각

$$sin2\alpha = 2sin\alpha\ cos\alpha$$
$$cos2\alpha = cos^2\alpha - sin^2\alpha$$
$$= 2cos^2\alpha - 1$$
$$= 1 - 2sin^2\alpha$$

반 각

$$sin^2\frac{\alpha}{2} = \frac{1-cos\alpha}{2}$$
$$cos^2\frac{\alpha}{2} = \frac{1-cos\alpha}{2}$$

아직 계속된다. ⇒

주 공식을 싫어하는 사람은 감상만으로 족하다.

어떤 문제!

(1) 삼각비와 같은 ○○비의 예를 들어라.

(2) $sin^2\alpha + cos^2\alpha = 1$을 증명하라.

상쾌한 sin 정리의 증명과 이용

03

가 미 | 저는 여기서 빠지고 싶어지는데요.

미치 박사 | 삼각비의 일면만을 언뜻 보고 그렇게 도망치려고 하는 것은 바보스런 짓이야! 그러면 가미가 좋아할 것 같은 상쾌한 *sin* 정리를 소개하지. 삼각형의 세 개의 변과 세 개의 각의 관계로, 단순하면서도 또 아름다운 것이야.

$$\frac{a}{sinA} = \frac{b}{sinB} = \frac{c}{sinC}$$

가 미 | 상쾌하고 간단 명료한 정리네요. 이것도 신비한 미에 속하나요? 그런데 이걸 어떻게 유도하죠?

후데야 | 세 개의 경우에서 생각하면 돼.

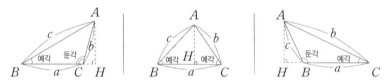

어떤 경우도 $AH = c\ sinB = b\ sinC$

이에 의해 $\dfrac{b}{sinB} = \dfrac{c}{sinC}$

또 BH, CH를 생각하면 위의 식이 성립되지.

하는 김에 이 도형을 이용하면 아래의 식이 유도돼.

$BH = c\ cosB$	$BH = c\ cosB$	$BH = -c\ cosB$
$CH = -b\ cosC$	$CH = b\ cosC$	$CH = b\ cosC$
$a = BH - CH$	$a = BH + CH$	$a = CH - BH$
$= c\ cosB + b\ cosC$	$= c\ cosB + b\ cosC$	$= c\ cosB + b\ cosC$

어떤 경우에도 $c\ cosB + b\ cosC = a$ ······①

(115페이지 '어떤 문제 (2)로)

미치 박사 | 잘했어. 좀 더 쉬운 방법이 있으니까 그것을 소개하지. 원을 사용하는 거다.

∠A를 예각으로 하는 △ABC의 외심을 O라 하고, B를 지나는 지름 $(2R)$을 BA'라고 한다. △$A'BC$는 ∠A= ∠A'로 직각삼각형이기 때문에

$$\sin A' = \frac{a}{2R} \qquad \therefore \ \frac{a}{\sin A'} = \frac{a}{\sin A} = 2R$$

똑같이 하여 $\dfrac{a}{\sin A} = \dfrac{b}{\sin B} = \dfrac{c}{\sin C} = 2R$

가 미 | 잘 알겠어요. 원을 잘 이용하니 설명에 도움이 되네요.

후데야 | 그러네요. 원을 사용하면 이 비의 값이 지름이 된다는 것을 알 수 있겠어요. '원' 만이 해결할 수 있는 거네요. 도형의 성질은 '삼각형과 원' 등, 잘 되어 있네요.

그런데 이 경우에도 ∠A＝예각뿐만 아니라 직각, 둔각의 경우에도 조사해 봐야겠 죠?

후데야 | 삼각형은 기본적인 형이 세 가지라 좀 귀찮아요. 초, 중학교 시절에 삼각형의 면 적 공식을 구할 때 정확히 세 가지를 구별해서 어떤 경우에도 (밑변)×(높이)÷2면 된다고 했잖아요.

가 미 | 어머나, 당시에 저는 졸고 있었나 봐요!

> **주** 대소, 사칙, 3법칙 등은 삼각비 표에 의해 각 삼각비의 값을 소수로 바꾸면 일 단락지어진다.

어떤 문제!

(1) $\sin$ 정리의 증명에서 ∠A가 둔각인 경우를 나타내라.

(2) '똑같이 하여'의 용어는 어떤 때 사용할 수 있는가?

04

가 미 | 여러 가지 공식(111페이지)을 보고 있으면 지금까지의 수와 같은 상등, 대소, 사칙 같은 것도 상당히 다른 것 같아요.

후데야 | 삼각비는 각도만 정해지면 값을 알 수 있어. 예를 들면

$$sin10° = 0.1736, \quad cos30° = 0.866, \quad tan70° = 2.7475$$

등 수표에서 값을 구할 수 있기 때문에, 각도가 정해지면 '수로써' 상등, 대소는 정할 수 있고.

$$sin30° = 0.5, \quad cos60° = 0.5 \text{ 이기 때문에 } sin30° = cos60°$$

라는 식으로…….

가 미 | 각도가 A 또는 a 라면, 지나치게 일반적이어서 알기 어렵지만 구체적인 각도를 주면 단순한 소수 (분수)에 불과한 것 같아요. 약간 이해에 접근한 건가?

미치 박사 | 가미가 안도의 숨을 내쉬었을 때 갑자기 폭탄을 던진 것 같아서 미안한데……. 여기서 중요한 sin 정리를 들어보자.

후데야 | 이것은 sin 정리와 함께 삼각비에서는 중요한 거겠죠?

가 미 | 어떤 정리죠?

후데야 | 두 가지 정리하는 방법이 있겠네.

$$cosA = \frac{b^2+c^2-a^2}{2bc} \implies a^2 = b^2+c^2-2bc\ cosA$$

$$cosB = \frac{c^2+a^2-b^2}{2ca} \implies b^2 = c^2+a^2-2ca\ cosB$$

$$cosC = \frac{a^2+b^2-c^2}{2ab} \implies c^2 = a^2+b^2-2ab\ cosC$$

가 미 | 정말 환성을 지르고 싶을 정도네요.

① A, B, C 모두 기본 형태는 같고 문자만 대체하는 것.

② $\cos A$에서 $A=90°$일 때 $\cos A=0$이기 때문에 '피타고라스 정리가 된다'는 거군요.

후데야 | 하지만 '이것을 증명하라'고 하면 번거로운데요. 그러나 도전해 볼게요.

우선 좌표에 올리면

오른쪽 $\triangle ABC$에서, $\triangle CHB$에서는

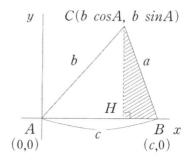

$CH=b\ \sin A$

$HB=c-b\ \cos A$

피타고라스 정리에 의해

$BC^2=CH^2+HB^2$

$a^2=(b\ \sin A)^2+(c-b\ \cos A)^2$

$\quad =b^2\sin^2 A+c^2-2bc\ \cos A+b^2\cos^2 A$

$\quad =b^2(\sin^2 A+\cos^2 A)+c^2-2bc\ \cos A$

$\therefore a^2=b^2+c^2-2bc\ \cos A$

와~, 증명됐어!

미치 박사 | 이것들은 대학 수능시험에도 나오는 기본 문제로, 아주 중요해. 공식을 기억하는 것뿐만 아니라 증명할 수 있는 능력을 가지고 있어야 할 거야.

가 미 | 하지만 어려운 절차가 있어요. 그런데 이 정리는 무엇에 도움이 되는 거죠?

후데야 | 무엇보다 도움이 되는 것을 생각하는군, 가미는……. 이 식을 자세히 보고 생각해 봐.

어떤 문제!

(1) $\cos$정리는 어떤 특징이 있는가?

(2) $\cos$정리를 112페이지 ①을 사용하여 유도하라.

삼각형의 면적을 세 변으로 얻는 헤론의 지혜

05

미치 박사 | 드디어 삼각비를 사용하여 면적을 구하는 것을 생각하게 됐군. 그 전에 삼각형의 구적(면적을 구하는 것) 방법을 생각해 보도록.

가 미 | 여러 가지 소박하고 유치한 것부터 들어보죠.

(1) 직사각형으로 한다

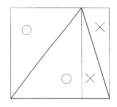

삼각형과 높이 밑변이
같은 직사각형을 만들고
그 면적부터 구한다.

(2) 모눈을 겹친다

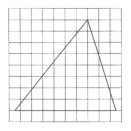

정확한 모눈
어중간한 모눈 } 을 구별하여

개수를 센다.

(3) 무게를 잰다

(같은 두꺼운 종이의
단위 면적의 무게가
몇 배인가를 구한다.)

후데야 | 일반적인 공식은 $S = \dfrac{bh}{2}$ 예요.

지금 아래 도형의 삼각형으로 하여,

B에서 AC에 수직선을 그리면

$$\triangle ABC = \frac{1}{2}\, AC \cdot BH$$

$$\left(sinA = \frac{BH}{2}\ \text{에서} \right)$$

$$= \frac{1}{2} \cdot b \cdot c\ sinA$$

$$\therefore S = \frac{1}{2} bc\ sinA$$

b : base
h : height } 의 약자

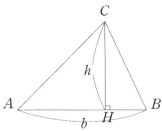

미치 박사 | 자, 그러면 유명한 '헤론의 공식' 을 들

어보도록 하지. 헤론은 기원 1세기 경, 알렉산드리아에서 활약한 그리스 수학자로, 물시계 등을 고안한 물리학자 — 아르키메데스와 같은 — 야. 그는 삼각형의 세 변의 길이만으로 면적을 구하는 공식을 창안했네.

후데야 | 그 공식은 기억하기 쉬워서 암기하고 있어요.

$$S=\sqrt{s(s-a)(s-b)(s-c)} \text{ 다만 } 2s=a+b+c$$

이거였죠. 하지만 증명은 사양할게요. 박사님, 잘 부탁합니다.

미치 박사 | 복잡하니까 우선,

$S=\dfrac{1}{2}bc\ sinA$에서, $2bc\ sinA=4S$ ……①

cos정리 $2bc\ cosA=b^2+c^2-a^2$……②

①, ②의 양변을 2제곱하여 더하면 ── 좌변이

$(2bc)^2=16S^2+(b^2+c^2-a^2)^2$ ←─ $sin^2A+cos^2A=1$로

$16S^2=(2bc)^2-(b^2+c^2-a^2)^2$

$\qquad =(2bc+b^2+c^2-a^2)(2bc-b^2-c^2+a^2)$

$\qquad =\{(b+c)^2-a^2\}\{a^2-(b^2-c)^2\}$

$\qquad =(b+c+a)(b+c-a)(a+b-c)(a-b+c)$ ── 인수분해

$\qquad =2s\cdot2(s-a)\cdot2(s-c)\cdot2(s-b)$ ── s를 대입

$\qquad =16s(s-a)(s-b)(s-c)$

$\qquad \therefore\ S=\sqrt{s(s-a)(s-b)(s-c)}$ (음은 취하지 않는다)

가 미 | 헤~, 계산 실력이 없으면 도저히 풀 수 없겠는데요.

후데야 | 2000년 전의 옛날 사람이 용케도 계산했군요.

어떤 문제!

(1) $(b+c-a)=2(s-a)$를 유도하라. 또 $S=\dfrac{abc}{4R}$ 을 구하라.

(2) 세 변이 3, 4, 5일 때 이 삼각형의 면적을 구하라.

미치 박사 | 1453년 오스만 제국의 대포가 동로마 제국의 난공불락이라 했던 '3층의 성벽'을 격파하여 함락시킨 이래 전쟁은 대포시대가 되었네. 그와 관련해서 수학자도 크게 깨닫게 되었지.

후데야 | 그때까지 수학이 피해 온 운동이나 **변화**에 대한 연구라는 거죠?

미치 박사 | 대략적으로 말하면 세 개의 대발견, 대발전이 있었고, 훗날 수학에 큰 공헌을 하게 된 거지.

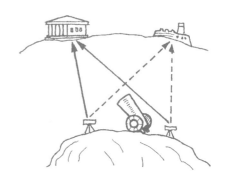

적진까지의 거리 측정

공격 { 탄도 연구 → 미분학(함수)
       거리 측정 → 삼각함수

방어   견고한 요새 만들기 → 화법기하학
                          (투영도)

가 미 | 제가 이 시대보다 전에 태어났더라면 좋았을 텐데……. 전부 제가 싫어하는 내용이네요.

미치 박사 | 지금까지 삼각비의 수학적 화려함(?)을 공부해 왔는데 여기서부터는 사인 곡선, 코사인 곡선의 세계를 연구하도록 해 보자.

가 미 | 삼각비와 **삼각함수**와는 기본적으로 어떻게 다른 거죠? 저는 '비와 비례'와 비슷한 것이라 생각하는데…….

후데야 | 한마디로 '정과 동'으로, 함수는 '$\angle A$를 변화시키면 $\frac{x}{a}$의 값은 변한다'는 말이죠?

가 미 | 저의 강한 인상으로는 사인 곡선이네요. 정말로 아름다운 곡선이에요. 가정과에서 배웠지만 '소맷부리의 단면'에 이 곡선이 있다는 말을 들었을 때 감동 받았거든요.

후데야 | 빗물받이 같은 원기둥 모양의 단면 전개
도에서도 이 곡선을 볼 수 있고요.

미치 박사 | 그러면 우선 이론보다 먼저 그래프를
정확히 그려 볼까? $sin0°\sim sin180°$의 주
된 값을 정리하여 표로 나타내고 그래프로
그려 봐, 후데야!

후데야 | 네, 해 볼게요. 각도는 건너뛰기로 하고
요.

아름다운 곡선

원기둥의 단면 전개도

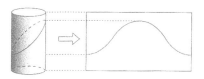

sin	0°	30°	45°	60°	90°	120°	150°	180°
값	0	0.5	0.707	0.866	1.0	0.707	0.5	0°

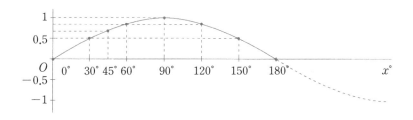

가 미 | 뭔가 '삼각비의 공식'과는 다른 세계 같아요.

미치 박사 | 어떤 의미에서는 다르다고 생각하는 것이 정리하기 쉬울 거다. 삼각비의 세
계에서는 '삼각법'으로써 '독특한 문제'가 존재하고, 그것만으로도 충분히 즐거운
것이지. 다만 사회적으로 유용한 것은 삼각함수라고 해야 할 거야.

가 미 | 각도라는 것은 $0°\sim180°$의 범위를 말하는 거겠죠? 그러면 곡선이 음의 범위에서
는 나오지 않겠네요?

후데야 | 각의 생각을 확장한 일반각 (회전각)으로 생각해 나가야 해.
도표로 나타내면 다음과 같고.

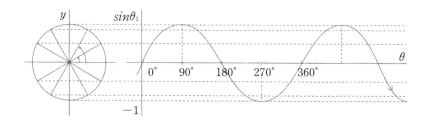

가 미 | 차 바퀴가 뱅글뱅글 돌고 있을 때 차의 한 점의 운동을 옆에서 보는 것 같아요. 그 래서 아름다운 걸까?

미치 박사 | 이 곡선에서 알 수 있듯이 여러 가지 운동이나 물건의 진동, 피스톤 등 사회 에서 널리 볼 수 있는 것들이야.

가 미 | '각도'에 대한 인식을 바꾸지 않으면 삼각함수는 모르겠네요. 그런데 코사인 곡선 은 어떻게 되죠?

후데야 | $sin(90° - A) = cosA$이니까 사인 곡선과 코사인 곡선에서는 왼쪽으로 90° 빗 기고, $cos0° = 1$, $cos90° = 0$을 지나는 그래프가 돼. 그러니까 간단하지!

미치 박사 | $-1 \leq sin\theta \leq +1$, $-1 \leq cos\theta \leq +1$인데 $tan\theta$는

$$\left.\begin{array}{l} \theta < 90°\text{에서 } \theta \to 90°\text{라면 } tan\theta \to +\infty \\ \theta > 90°\text{에서 } \theta \to 90°\text{라면 } tan\theta \to -\infty \end{array}\right\} \text{로 되어 있다네.}$$

신비 | '모양의 아름다움'의 조건 중 하나로, 반복 리듬이 있다.

어떤 문제!

(1) 탄젠트 곡선은 어떤 곡선인가?

(2) $y = sin\theta + cos\theta$의 그래프를 그려라.

1　109페이지

(1) 지면에 수직인 막대기, 나무의 높이, 건물 등 태양 고도 $45°$ 일 때의 '그림자의 길이가 그것과 같다' 는 성질을 이용한다.

(2) 기본적으로는 공통 외접선의 작도 (92페이지)와 같다.

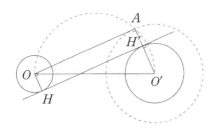

OO' 를 지름으로 하는 반원과 O' 를 중심, 두 원의 반지름의 합을 반지름으로 하는 원과 만나는 점을 A 라 하고, $O'A$ 와 원 O' 와 만나는 점을 H' 라 한다. $O'H' \parallel OH$ 가 되는 H 를 구하면 $HH' \perp O'H'$ 로 H 가 원 O 의 접점이 된다. (이하 각자)

2　111페이지

(1) 수학상 상사비(닮음비), 면적비, 용적비 기타 합금의 혼합비, 이익의 배분비, 분할의 황금비 등

(2) $sin^2a + cos^2a = \left(\dfrac{a}{c}\right)^2 + \left(\dfrac{b}{c}\right)^2$

$= \dfrac{a^2 + b^2}{c^2} = \dfrac{c^2}{c^2} = 1$

3　113페이지

(1) 다음 도형에서 원에 내접하는 사각형의 대칭각의 합은 $180°$ 이기 때문에

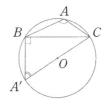

$A = 180° - A'$

그런데

$sin A = sin(180° - A') = sin A'$

∴ 성립된다.

(2) 똑같은 순서의 반복으로 얻을 수 있는 성질이나 증명을 간략하게 하는 데 사용하는, 수학의 생략 방법의 하나다.

'똑같다' 는 것이 분명하지 않은 경우는 사용해서는 안 된다.

4　115페이지

(1) 삼각형은 세 개의 변, 세 개의 각으로 되어 있기 때문에 이 여섯 가지 중 세 가지가 주어지면 이 정리에서 다른 세 가지를 구할 수 있다. cos 정리는 여기에 이용된다.

(2) ①에 의해, 그 밖에도 마찬가지로

$\begin{cases} c\ cos B + b\ cos C = a & \cdots\cdots ① \\ a\ cos C + c\ cos A = b & \cdots\cdots ② \\ b\ cos A + a\ cos B = c & \cdots\cdots ③ \end{cases}$

라는 관계가 성립된다. 이것을 $cos A$, $cos B$, $cos C$ 의 연립방정식이라 간주하고, 그것을 풀면 cos 정리를 유도할 수 있다.

(순서) ①×a−②×b 에 의해

$ac\ cosB + ab\ cosC = a^2$

$\dfrac{ab\ cosC + bc\ cosA = b^2}{ac\ cosB - bc\ cosA = a^2 - b^2}$ ($-$

$ac\ cosB - bc\ cosA = a^2 - b^2$ ……④

④−③×c

$ac\ cosB - bc\ cosA = a^2 - b^2$

$\dfrac{bc\ cosA + ac\ cosB = c^2}{-2bc\ cosA \qquad = a^2 - b^2 - c^2}$ ($-$

$-2bc\ cosA = a^2 - b^2 - c^2$

$\therefore cosA = \dfrac{b^2 + c^2 - a^2}{2bc}$

5 117페이지

(1) $b+c-a$ 이고, $2s = a+b+c$ 에 의해

$b+c = 2s - a$

이것을 대입하면

주어진 식$= 2s - a - a$

$= 2s - 2a$

$= 2(s-a)$

〔$S = \dfrac{abc}{4R}$ 의 증명〕

$\dfrac{a}{sinA} = 2R$ 에서 $\dfrac{a}{2R} = sinA$

이것을 아래에 대입하면

$S = \dfrac{1}{2}bc\ sinA$

$= \dfrac{1}{2}bc \cdot \dfrac{a}{2R}$

$= \dfrac{abc}{4R}$

(2) $S = \dfrac{3+4+5}{2} = 6$ 이기 때문에

$S = \sqrt{6(6-3)(6-4)(6-5)}$

$= 6$

6 118페이지

(1) tan 곡선

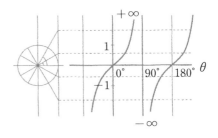

(2) $y = sin\theta + cos\theta$ 도 sin 곡선과 cos 곡선의 합을 구할 수 있으므로, 아래와 같다.

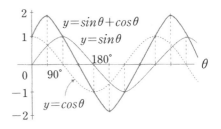

수로에 놓인 다리의 곡선미(남프랑스)

8 Chapter

애매하고 우연의 사회에 대응하는 수량화

– 자연, 사회, 인문과학 중에서 –

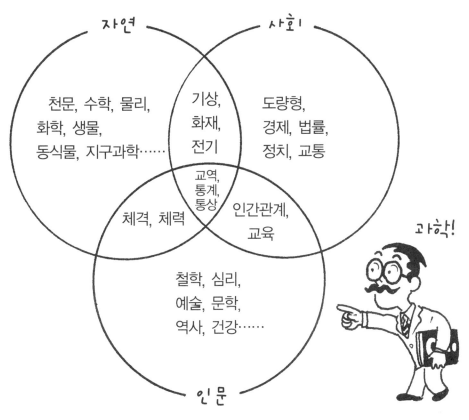

실은 '명확한 분류' 는 어렵지만……

애매함에서 신뢰를 쌓아 가는 도량형

01

미치 박사│ 7월 말경이면 '한여름'이니, 열대야가 1주일 동안 계속된다는 등의 기상 예
보가 많겠군. 아무래도 불쾌한 오늘이 벌써 그 무렵 같군.

가 미│ 여름철 장마 때는 흔히 '불쾌지수'라는 말도 등장하잖아요.

후데야│ 불쾌지수란 무더위의 느낌을 수량화한 것으로

지수가 75 이상이면 절반 정도의 사람이 불쾌감을 느끼고,

80 이상이면 대부분의 사람이 불쾌감을 느낀다는 것을

정해 놓은 것인데……. 그런데 가장 불쾌한 값이 100이 아닌 이유가 뭐죠, 박사님?

미치 박사│ 10년 전에 이라크를 여행했는데(쿠웨이트 침공 때라 인질이 되었다), 바빌론에서
기온 50℃를 경험한 적이 있네. 그러나 습도가 30퍼센트밖에 안 돼 조금도 '불쾌
감'을 느끼지 못했지. 기온보다 습도 쪽이 문제인 것 같아. 이 불쾌지수는 미국에서
고안한 것으로 미국인은 동양인보다 '몹시 더위를 타고, 몹시 추위를 타는 사람'이
기 때문에 그들은 27°(화씨 80도)에서 불쾌하다고 느끼는 데서 이것이 기준이 되었
다고 하네.

가 미│ 신체적, 정신적 감각의 것을 수량화한다는 생각이 대단한 것 같아요.

후데야│ 현대 사회는 신체는 물론이고, 전에는 측정 불가능했던 심리적인 면에 대해서도
점점 수량화, 계량화하는 방법을 연구하고 있잖아.

가 미│ 하지만 하나부터 열까지 모두 수치화하게 되면 좀 낭만적이지 못해서 쓸쓸한 기
분이 들어요.

미치 박사│ 지금 후데야가 '도시의 불쾌감에
서 피하기 위해 계곡으로 낚시하러 갔
다'고 하자. 한나절 걸려서 겨우 붕어
한 마리를 낚고 돌아온 거야. 붕어의 크
기를 다음 그림과 같이 여러 가지 방법

으로 말했다고 하면…….

가 미 | 굉장한 비유법이네요. 한 마리 낚은 것으로 오히려 '불쾌감이 증가' 했을 것 같아요. 농담이고…… 어쨌든 여러 가지 표현 방법이 있네요.

후데야 | 말은 애매하고, 버들잎이나 손가락은 개인차가 있어요. 어탁은 항상 가지고 다닐 수는 없고, 이를 소거법으로 생각해 나가면 척도로 말하는 것이 제일 객관적이고 알기 쉬워지겠는데요.

말 – 약간 작은 듯
비교 – 버들잎 정도
실물 – 어탁
구체 – 손가락으로 가리킴
척도 – 10센티미터 정도

―――― 국제도량형국 ――――
1875년 17개국의 대표가 모여 '미터법' 조약 체결에 따라 창설되었다. 본부는 프랑스 파리에 있다.

가 미 | 그리고 보니 더운 것도 추운 것도 개인차가 크기 때문에 온도, 습도 그리고 불쾌 지수 등의 수량화(계량화)는 사회 생활, 대인관계에서 필요성이 있겠네요.

미치 박사 | 인간 생활과 사회에서 어디까지 수량화(계량화)가 진행될지 기대가 되는군.

어떤 문제!
(1) 고대 민족이 '봉화대'에서 적의 습격을 아군에게 알릴 때 적의 인원수는 어떤 방법으로 알렸을까?
(2) 약속 시간에 늦은 사람에게 어느 정도 기다렸는지 전하는 방법을 말하라.

우연인가? 고대 민족의 상법 공통의 '삼량법'

02

미치 박사 | 아프리카에서 탄생한 인간의 조상은 몇 만 년에 걸쳐 세계 각지에 흩어져 각 각 문화, 문명, 언어, 습관, 규율을 가진 사회를 만들어 발전해 나갔네.

가 미 | 그런 사회가 각각 특유하고 개별적인 것이기도 하고, 우연인지 전파인지 불분명 하지만 먼 곳인데도 매우 비슷한 것을 가지고 있잖아요.

후데야 | 수학에서 말하면, 수 만들기에서 숫자의 형태는 고대 각 민족마다 다르지만 기 본적인 공통 부분은

①새긴 숫자 ②10진법 ③기수법에서 덧셈이나 곱셈의 조합으로 구성되어 있죠.
(27페이지의 표)

가 미 | 그러고 보니 도형도 거의 논밭에 관계하여 탄생하고 발전했어요. 그리스만이 독 특하고 논증의 대상으로써 '기하학'을 창안했지만…….

미치 박사 | 발전한 민족 중에 고도의 수학을 만들어 낸 곳에서는 세(세금), 상업활동, 물자의 생산, 건조, 건축 등에 관계하여 대부분이 오른쪽에 가리키는 내용을 가지고 있지.

특히 현저한 공통점으로는

• 수확물을 쌓는 **수열**

• 비에 관해서 **삼량법**(42페이지에 있음)

• 방정식의 해법에서는 **가정법**

이 있네. 기원 전후 시대의 일이지만…….

> • 수열
> • 비, 비율
> • 원주율
> • 제곱근
> • 방정식
> • 면적, 부피를 구하는 법
> • 각종 입체 등

가 미 | 삼량법은 처음 듣는 용어인데 어떤거예요, 박사님?

미치 박사 | 흥미 있는 모양이군. 그러면 준비 체조로써 '3'이 붙는 일상 용어를 생각해 보게.

가 미 | 많을 것 같아요. 3역(세 가지 역할), 삼각자, 삼륜차에서 시작하여…… 얼마든지 있

죠. 독(讀), 서(書), 산(算)의 '3r'.

후데야 | 삼각형, 3차 방정식도 있어.

미치 박사 | '3찾기'는 이쯤 해 두고, 삼량법을 설명하지. 주로 '상업산술' 용어로, 오른쪽과 같은 세 가지의 용법과의 관계를 말하는 거야. 이것은 '삼수법' '3의 법칙'이라 하여 고대 인도, 아라비아를 비롯하여 근세 유럽의 상업활동에서 불가피하게 사용한 기본 계산이었네.

가 미 | 이미 과거의 수학이 되고 만 거네요.

미치 박사 | 당치 않아. 현대에서는 '비의 3용법'이라 하여 초·중등 학교에서 중요한 내용이 되고 있고, 사회에서도 필요한 거라네.

삼중주	삼각	3주기
삼국	삼권	3종 세트
삼계	삼매경	삼한사온

(원금)×(이율)＝이식
(원가)×(이익률)＝이익
$$B \times r = A$$

비의 3용법

제1용법 $A \div B = r$
제2용법 $B \times r = A$
제3용법 $A \div r = B$

어떤 문제!

(1) 삼량법은 후에 비례와 관계한다. 그것을 설명하라.

(2) '만약 사프란(Saffraan)의 2바라 반을 $\frac{3}{7}$ 니슈카로 얻을 수 있다면 9니슈카로 어느 정도의 사프란을 얻을 수 있는가, 우수한 상인이여. 바로 내게 말하라'(바라는 양, 니슈카는 돈의 단위) ― 삼량법에 대한 '인도 문제' ―. 이것을 풀어라.

많이 모이면 경향이 보이는 통계

03

가 미 | 박사님! 뭘 들여다보고 계세요?

미치 박사 | 인쇄문자를 확대해서 보고 있는데,

● 하나로는 아무것도 알 수 없군. 오른쪽에 다섯 개 있지만 아무래도 모르겠는걸.

가 미 | 점자의 아이디어인가요? '점자의 50자음(일본의 50 자음)'은 단지 6개의 점만으로 나타낼 수 있으니 정말 대단해요.

후데야 | 이것은 '최소의 점으로 최대의 양을 나타낸다'는 효율적인 표시법이지만 보통 문자는 인쇄에서도, 텔레비전 화면에서도 '조그만 점의 다수 모임'이라는 거죠. '티끌 모아 태산'이라는 걸까요?

점자의 기초
$(6!=6\times5\times4\times3\times2\times1$
$=720$가지$)$

미치 박사 | 이 생각을 토대로 하나의 학문을 창안한 사람이 있는데, 알고 있나?

후데야 | '한 장의 종이에서는 아무것도 알 수 없다'고 하여 60년을 거슬러 올라가서 같은 자료를 모은 사람 말이죠? 영국의 상인으로, 누구였더라……?

미치 박사 | 존 그란트야. 16, 7세기에 크게 번영한 영국에서는 런던 항으로 전 세계의 물자가 수입되었는데, 동시에 전 세계의 전염병이 들어와 매년 많은 사망자가 급증하게 되었지. 그러자 런던 시는 '사망표'를 작성했네. 그란트는 사망과 전염병의 연구로 60년 분의 자료를 모아 「사망표에 관한 자연적 및 정치적 관찰」(1662년)을 써서 근대 **통계학**의 기초를 만들었다네.

가 미 | 한 장의 '수의 표'는 사실상 통계라 할 수 없잖아요.

후데야 | 많은 수의 표에서 그 특징이나 경향을 읽고 이해하는 데까지 조사해야 하는 거야. 17세기 당시 다른 나라에서도 통계학을 창안했었겠죠?

미치 박사│이야기가 아주 바람직한 곳까지 진행되었군. 다음은 독일. 그리스도교의 프로테스탄트와 가톨릭의 신구 항쟁으로 '최대이자 최후의 종교 전쟁', 이른바 '30년 전쟁' 종료 후의 일이지.

가 미│'30년 전쟁'이란 아래 그림과 같은 거죠?

미치 박사│독일에서는 경제학자가 들고 일어났지. 헤르만 콜링이 사회 부흥의 자료로써 세계 최초의 국세조사를 실시하여 그것을 바탕으로 「국세학」(1660년)을 출판했어. 이를 테면 17세기 중반에 사회 통계학과 국세 통계학이 갖추어졌다는 것이네.

가 미│학교의 통계라고 하면 다음과 같은 것들이에요.

①표 만들기 (자료 모으기)

②그래프화

③대표치(평균치, 최대 빈수, 중앙치)

④상관도 등

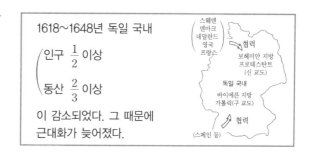

1618~1648년 독일 국내

$\left(\begin{array}{l} \text{인구} \ \dfrac{1}{2} \ \text{이상} \\ \text{동산} \ \dfrac{2}{3} \ \text{이상} \end{array} \right.$

이 감소되었다. 그 때문에 근대화가 늦어졌다.

스웨덴
덴마크
네덜란드
영국
프랑스
→ 협력
보헤미안 지방
프로테스탄트(신 교도)
독일 국내
바이에른 지방
가톨릭(구 교도)
← 협력
(스페인 등)

미치 박사│이것들도 기초로써 중요하지만 신문 등에서 보도하고 있는 통계 그래프를 정확히 읽는 능력을 키우는 것도 중요해. 여러 가지 기관에서 하고 있는 설문조사를 토대로 한 통계 중에는 방법·해석 등으로 인한, 상당히 무책임한 것이 있기도 하거든.

어떤 문제!

(1) '통계로 속이는 법'이라는 것이 있다. 어떤 통계를 이용하는가?

(2) 통계는 영국, 독일에서 우연히 독립적으로 탄생했는데 그 저변에는 무엇이 있다고 생각할 수 있는가?

'도박의 우연'에 '필연'을 구하는 확률

04

후데야 | 확률이라고 하면, 우연의 수량화의 대표로써 그때까지의 확고한 수학과는 본질적으로 다른 것이죠, 박사님?

미치 박사 | 그런 면에서는 **통계**와 마찬가지로 '확실히 확정적인 수학'이라고는 말할 수 없는 걸세.

후데야 | 그런데 확률은 '수의 관문'을 뚫고 나갈 수 있을 것 같지만 통계는 생각할 수 없고…… 이 두 가지의 인상이 상당히 다른데요.

가 미 | 의미를 잘 모르겠어요. 구체적으로 설명해 주세요.

후데야 | 그러면 오른쪽에 정리한 것을 보자구. '한 사상의 확률'이라고 하면 보통 분수로 나타내기 때문에 수의 세계처럼 생각할 수 없어. 재미있는데!

가 미 | 통계에서도 자료를 정리하여 **대표치**라는 하나의 수(소수나 분수)로 하기 때문에 수의 관문을 뚫고 나갈 수 있는 게 아닌가요, 박사님?

미치 박사 | 확률에서는 '수' 그 자체의 취급은 할 수 없지만 비슷하네. 반면에 통계는 평균치가 대부분이고, 나머지 표준 편차 같은 것 쪽으로 발전해 나가지.

> 정의 어떤 근원 사상 n개가 일어나는 것도 마찬가지로 확실한 것 같다고 할 때, 사상 A가 근원 사상 a개에서 성립되어 있을 때, 사상 A가 잃어날 확률 $P(A)$는
>
> $$P(A) = \frac{a}{n}$$
>
> (상대 대소) 확률은 분수로 나타낼 수 있는 것이기 때문에 상등, 대소를 정할 수 있다.
>
> $$0 \leq P(A) \leq 1$$
>
> 덧셈 정리 ⎫
> 곱셈 정리 ⎭ 가 존재한다.

가 미 | 확률의 기본은 확실한 듯하다는 것과, *대수의 법칙 두 가지라고 배웠는데, 그것만 알고 있으면 되는 건가요?

*대수(大數)의 법칙 : 경험상의 확률과 수학적 확률과의 관계를 나타내는 확률론의 기본 원칙.

후데야 | 글쎄요. 제가 확률에서 좋아하는 것은 '상식을 번복하는 것'과 같이 예상 외의 결론이 나오는 것이었어요.

가 미 | 그것은 무슨 뜻이죠? 예를 들면……

후데야 | 지금 자루에 흰 공 1개, 빨간 공 4개가 들어 있어. '두 사람이 꺼내는 데 흰 공을 잡은 사람이 이기는 것'으로 할 때

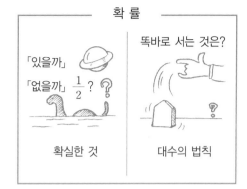

확률

「있을까」

「없을까」 $\frac{1}{2}$?

확실한 것

똑바로 서는 것은?

대수의 법칙

먼저 꺼내는 사람이 좋을까, 나중에 꺼내는 사람이 좋을까?

가 미 | 그야 먼저 꺼내는 것이 좋은 게 아닌가? 먼저 흰 공을 꺼내면 나중 사람은 꺼낼 기회가 없는 거잖아.

후데야 | 그러면 계산으로 살펴볼까?

먼저 꺼내는 사람이 흰 공을 잡을 확률 $\frac{1}{5}$

나중에 꺼내는 사람은 $\left\{\begin{array}{l}\text{앞 사람이 흰 공일 때} \quad \frac{1}{5} \times \frac{0}{4} = 0 \\ \text{앞 사람이 빨간 공일 때} \quad \frac{4}{5} \times \frac{1}{4} = \frac{1}{5}\end{array}\right]$ $0 + \frac{1}{5} = \frac{1}{5}$

(흰 공의 확률)

고로 어느 쪽이나 같은 거야.

(곱셈 정리)　　　(덧셈 정리)

미치 박사 | 흰 공 2개, 빨간 공 3개를 예로 들면 좀 더 계산하는 데 알기 쉬울 게다. 그 다음, 상식을 번복한다는 것은?

후데야 | '60명의 사람이 있으면, 생년월일이 같은 사람이 한 사람은 있다'는 이야깁니다. 놀랍게도 확률이 1에 가깝다는 거죠. 맞죠, 박사님?

어떤 문제!

(1) 위의 흰 공 2개, 빨간 공 3개의 경우의 앞뒤를 계산하라.

(2) 60명의 사람 중에 생년월일이 같은 한 사람이 있을 확률을 구하라.

진위 판별이 곤란하여 사기에 이용되는 보험

05

후데야 | '수학의 세계' 에서는 고대부터 대수, 기하의
두 가지, 그 후 삼각법, 함수 등으로 분야가 넓
어졌는데 일반적으로 분명하게 구별됐어요.
다만 예외로써 교류(?)가 있는 내용도 있고요.

가 미 | 협력에 의해서 유용성이 늘었다고 할 수 있을
거예요.

미치 박사 | 그 대표적인 것이 17세기의 '**통계**' 와
'**확률**' 과의 협력이야. 최근에는 어떤 것이 있을까?

가 미 | 다른 분야 (영역)의 협력이라는 것은 상당히 어
렵잖아요. 특히 통계, 확률이라는 애매한 수학
의 경우에서는……

미치 박사 | 우선은 '보험학' 이라는 게 있단다.

가 미 | 보험이란 수학과 전혀 관계없는 것 같은데, 어
떤 관련성이 있는 거죠?

미치 박사 | 가끔 런던이 등장하지. 1666년 런던 시에
대화재가 일어나고, 시의 $\frac{2}{3}$ 가 소실되었는데 이
'도시 재건안' 중의 하나로 화재보험의 창안이
있었지. 이때 신설한 통계, 확률이 활약하게 되지.

후데야 | 화재보험에서는 다음의 박스와 같은 조건의 차이로 보험금이나 보험료의 차이가
생기겠네요. 그런데 화재보험 다음으로는 어떤 보험이 있나요?

가 미 | 그것은 생명보험이겠죠.

협력의 산물

수 도형	⇨ 피타고라스 정리
대수 기하	⇨ 좌표 기하학
삼각비 함수	⇨ 삼각함수

둘이서 만들어 내는 수학!

미치 박사 | 그럴거다. 18세기 영국의 천문학자 핼리(Halley)가 고안했다고 전해지고 있네. 예전에 런던 교외에 있는 그리니치 천문대에 갔을 때 천문대장 핼리의 사진이 붙어 있었는데, 그는 '사망생존자'(생명표) 를 창안했지.

후데야 | 저, 사전에서 조사했는데, 너무 복잡하던데요.

- 지대(도시, 농촌 등)
- 소밀도
- 가옥의 넓이
- 건재(나무, 석재 등)
- 재산

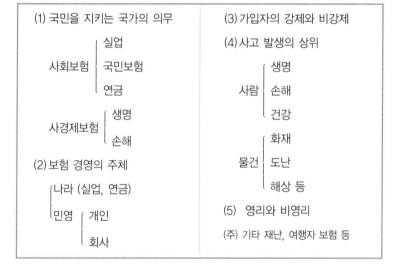

(1) 국민을 지키는 국가의 의무

사회보험 ─ 실업 / 국민보험 / 연금

사경제보험 ─ 생명 / 손해

(2) 보험 경영의 주체

나라 (실업, 연금)

민영 ─ 개인 / 회사

(3) 가입자의 강제와 비강제

(4) 사고 발생의 상위

사람 ─ 생명 / 손해 / 건강

물건 ─ 화재 / 도난 / 해상 등

(5) 영리와 비영리

(주) 기타 재난, 여행자 보험 등

보험금을 노리고

보험금 사기

약으로 장녀 살해미수

보험 1억원 가입

가 미 | 이래서는 사기나 살인이 끊이지 않을 거예요.

신비 불운을 구하는 지혜가 불행을 초래하는 모순!

어떤 문제!

(1) 보험에서 통계, 확률이 어떻게 사용되고 있는가?

(2) 해외 여행에서 가입하는 상해보험으로는 어떤 것이 있는가?

엉터리 효용이 낮은 표본조사

06

가 미 | 현대 사회에서는 매스컴 정보에 '표본조사'가 불가피해서 텔레비전, 신문에 매일처럼 이에 의한 데이터가 보도되고 있어요.

후데야 | 당의 지지율, 탤런트의 인기도, 벚꽃 개화, 모내기 예상 등등 사회 전반에 걸쳐 널리 사용되고 있죠.

미치 박사 | 가미는 이 표본조사의 기법이나 사용 범위를 생각해 본 적이 있나?

가 미 | '일부에서 전부를 안다' 이른바 '하나를 취하여 10을 안다'고 하는 방법으로, 보통 설문조사 등에 의존하죠.

후데야 | 사용 범위는 오른쪽과 같은 내용을 어떤 책에서 보았어요.

미치 박사 | 표본조사는 폭넓게 적용할 수 있다는 것을 알 수 있겠지? 그런데 지금 가미가 말한 것은 실로 중요한 점으로, 그 일부를 어떻게 뽑아낼 것인가의 문제일 거야.

가미 | 잘 생각해 보면, 이것은 인간의 태고적 생활 속에서부터 있었던 것 같아요.
요리에서 '일부를 조사해 보고 전체의 상황을 안다'는 방법 말이죠.

후데야 | 엉터리로 하나 둘 찌른다. 잘 휘저어서 한 국자 적당히 뜨는 것이 원리이지만 엉터리, 적당함이 전체의 대표가 되지 않으면 의미가 없는 것이죠.

> ── 표본조사의 이용 ──
>
> • 시간, 비용, 수고를 생략하여 신속히 결과를 얻는다.
> • 대량 생산품의 체크
> • 하천, 호수 및 늪, 바다 등의 어획량이나 오염도 조사

고대인이 사용한 아이디어

어디를 찌를까
고구마
수프
잘 저어서
한 사발

미치 박사 | 이것을 토대로 하여 설계된 수학이 '추측 통계학'(생략해서 추계학)이라는 것이다. 이것이 표본조사의 대표인데, 20세기 영국의 통계학자 피셔가 농사 연구의 능률 향상을 위해 고안하고 창안한 것이네. 통계, 확률 협력의 최신 수학이라 할 수 있지.

후데야 | 어떻게 엉터리이면서 도움이 되는 방법을 생각해 낼 수 있었을까요?

미치 박사 | 지금, 다섯 종의 소맥을 같은 조건에 가까운 토지에서 실험을 하고 싶을 때, 오른쪽과 같이 토지를 구분하여 다섯 종의 소맥을 세로, 가로 비스듬히 어떤 방향과도 맞지 않게 뿌리면…….

①	2	3	4	5
4	5	①	2	3
2	3	4	5	①
5	①	2	3	4
3	4	5	①	2

가 미 | 어머나, 그거 마방진 (34페이지)과 같은 것 아니에요?

후데야 | 그런가? '퍼즐이 학문이 되었다'고 하는 예군요.

미치 박사 | 중세 유럽의 '라틴 방격'이라는 퍼즐인데, 피셔는 이 생각을 농사 연구에 적용했네. 위의 실험으로 5년 걸리던 것이 1년이면 마칠 수 있었으니까.

가 미 | 그러면 표본조사의 이용은 아직도 광범위한 것이네요.

신비 엉터리 방법이 전체적으로 보면 공평하게 되어 있다. 이 아이디어는 원자 배열, 인사 배치, 청소당번 할당에도 이용할 수 있다.

어떤 문제!

(1) 1l의 되에 쌀이 가득히 들어 있다. 이 쌀을 간단히 셀 수 있는 방법을 생각해 보라.

(2) 「수험 영어단어 2만 단어집」이라는 책이 있다. 이 책 안에서 몇 퍼센트의 단어를 알고 있는가를 조사하는 방법을 말하라.

1. 125페이지

(1) 디지털적 방법…연기의 다량, 소량으로 적의 수를 알린다.

아날로그적 방법…연기를 덮는 천을 올렸다 내렸다 하는 회수로 알린다.

(2) 역이라면 기차, 버스의 발착 회수.

낮이라면 태양의 그림자, 밤이라면 눈앞으로 지나가는 사람 수.

2. 127페이지

(1) 3량 중 하나만을 일정하게 하면 $\dfrac{y}{x}=a$ 에서 $y=ax$

(2) $2.5 : \dfrac{3}{7} = x : 9$ 에서

$$\dfrac{3}{7}x = 9 \times 2.5 \quad \therefore x = 52.5 \text{(바라)}$$

3. 129페이지

(1) 학급에서는 3, 4명 성적이 좋고, 다른 대부분의 학생이 나빠도 평균점으로 나타내면 보통 수준의 학급이 된다. (직원 급여 등도)

그래프의 경우, 횡축의 눈금의 폭을 세로 축보다 넓게 하면 성적이 떨어지는 것이 그렇게 눈에 띄지 않는다.

(2) 영국도 독일도 게르만 민족이며, 꾸준히 섬세한 일에 끈기 있게 통계 작업을 하고 있었기 때문이라고 생각된다.

4. 131페이지

(1) 앞 사람이 흰 공을 잡을 확률 $\dfrac{2}{5}$

$$\begin{cases} \text{앞 사람이 흰 공} \\[2pt] \dfrac{2}{5} \times \dfrac{1}{4} = \dfrac{2}{20} \\[6pt] \text{앞 사람이 빨간 공} \\[2pt] \dfrac{3}{5} \times \dfrac{2}{4} = \dfrac{6}{20} \end{cases} \dfrac{2}{20} + \dfrac{6}{20} = \dfrac{8}{20} = \dfrac{2}{5}$$

(2) 아래 계산에서 얻을 수 있다.

$$1 - \underbrace{\left(\dfrac{365}{365} \times \dfrac{364}{365} \times \cdots \times \dfrac{306}{365} \right)}_{60\text{명이 각기 다른 생일}} ≒ 0.994$$

전체에서, 서로 다른 생일을 빼고, '일치하는 확률' 0.994를 얻을 수 있다.

5. 133페이지

(1) 통계-사건, 사고가 일어나는 건수

확률-사건, 사고가 일어날 비율

등이 근거로써 사용된다.

(2) 다음의 것이 있다. (보험 요금표에서)

• 상해 (사망, 후유증, 치료비)

• 질병 (치료비, 기타)   • 배상 책임

• 휴대품   • 구조자 비용 등

6. 135페이지

(1) 예를 들면 $1l$ 의 되 안에서 100알을 꺼내고, 여기에 색을 칠한다. 그것을 되에 다시 담고 잘 섞은 다음 한 컵을 떠서 색이 칠해진 쌀과의 비를 낸다. (10회 정도 시도하고 그 평균을 계산하면 대체로 알 수 있다)

(2) 페이지를 아무렇게나 넘겨서, 예를 들어 '오른쪽 페이지의 최초의 단어를 알고 있는가'를 20번 정도 반복하고, 그 비율로 구한다.

9 Chapter

약간 높은 곳에서 바라보면 보이지 않았던 신비의 발견이…

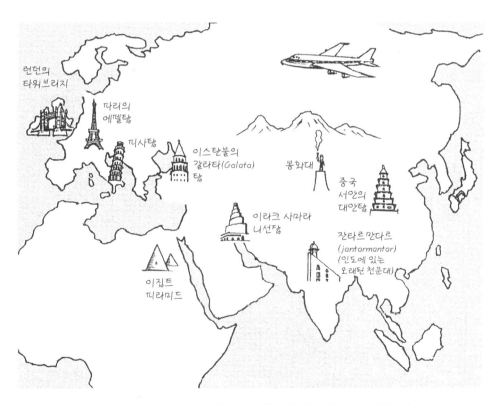

전 세계의 유명 도시에는 높은 탑이 많이 있다.

투시도보다 조감도! 수학을 보는 눈도 보다 높게

01

미치 박사 | 내가 어렸을 때 (전시 중) 잘 아는 젊은 육군 장교가 있었는데, 내 일생의 기억에 남을 말을 해 주더구나.

후데야 | 벌써 60년이나 지난 옛날 이야기잖아요.

가 미 | 전쟁중이었다면 전쟁터에서 싸운 용감한 이야기 같은…….

도로 구조를 위에서 보면…….

미치 박사 | 아니, 좀 더 도움이 되는 내용이었네. 그는 소위였는데, '나는 지금 중위의 공부를 하고 있다. 이것은 장래를 위해서가 아니라 현재의 지위와 업무를 잘 알 수 있기 위해서, 물론 중위가 되면 대위의 공부를 할 작정이다.' 이 말을 듣고 어린 마음에도 '과연' 하고 감동했었네.

가 미 | 그래서 그 후 인생의 '좌우명' 이 됐나요?

후데야 | '예습의 미치 박사' 라는 애칭이 그래서 지어졌나요?

미치 박사 | 무슨 일에도 약간 앞서 나가 있으면 「지금」도 「전방」도 잘 보이게 마련이지. 내가 수학을 좋아하게 된 것은 중학교 3학년 여름방학 숙제인 '인수분해' 를 알게 되면서부터인데, 자신감을 갖게 된 것은 중학교 4학년, 5학년(구 중학교)생들이 푸는 인수분해를 자유자재로 풀 수 있게 되면서부터였다네.

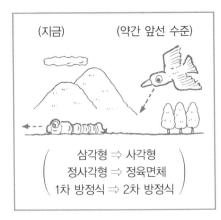

(지금)　　　(약간 앞선 수준)

삼각형 ⇒ 사각형
정사각형 ⇒ 정육면체
1차 방정식 ⇒ 2차 방정식

가 미 | 저도 아직 젊으니까 조금 본받아 볼까?

후데야 | 그리고 보니 저도 박사님의 생각과 비슷한 것을 느낀 적이 있어요. 비례니 1차 함수는 그래프 상에서 전부 직선이잖아요.

(함수의 그래프)

→ (직선)

이라고 생각하고 있었어요.

그런데 2차, 3차…… 나머지 함수가 전부 곡선이라는 것을 독학으로 알았고, '지금의 특수한 것'이라고 깨달았거든요.

가 미 | 그러면 제가 발견한 한 가지.

후데야, 아래 도형 재미있죠? 이 입체란 것을 실제로 만들 수 있을까? 어떻게 생각해?

미치 박사 | 지금 알고 있는 것을 약간 높은 시점에서 보면 저런! 하고 느끼는 것이 많을 거야.

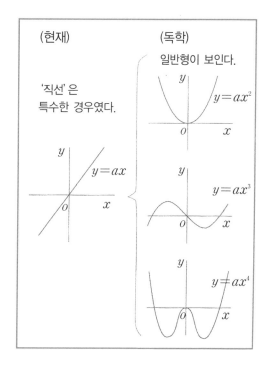

(현재) (독학)

일반형이 보인다.

'직선'은 특수한 경우였다.

$y=ax$

$y=ax^2$

$y=ax^3$

$y=ax^4$

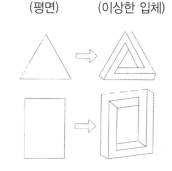

(평면) (이상한 입체)

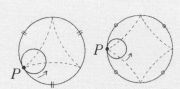

어떤 문제!

(1) 원 안을 그 반지름 $\frac{1}{3}$, 그리고 $\frac{1}{4}$의 원이 회전할 때 회전 원 둘레상의 한 점 P는 오른쪽 도형의 곡선을 그린다. 그러면 $\frac{1}{2}$은?

(2) 수학은 유추로 구축하는 면도 있는데, 이것 때문에 좌절하는 경우도 있다. 예를 들어라.

반지름 $\frac{1}{3}$의 원   반지름 $\frac{1}{4}$의 원

P

P

계량을 버린 '도형 세계' 토폴로지의 다면체의 정리

02

미치 박사 | 현대 일본의 도형 학습은 고전적 '유클리드 기하학'을 쉽게 다루고 있어. 진보도 없고 해서 좀 유감이지만 말이야.

후데야 | 무슨 뜻이죠, 박사님?

미치 박사 | 1960년경부터 미국에서 바람을 일으킨 세계적인 '수학 교육 현대화 운동'이 1970년대에 일본에도 도입이 되면서 새로운 내용으로 바뀌게 되었네.

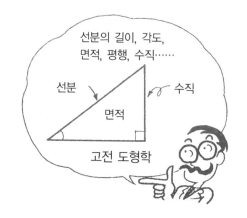

그리고 중학교 3학년 내용 중에 '점과 선의 연결'이라는 장에 '토폴로지'(위상 기하학)라는 새로운 내용이 들어갔지. 그런데 10년만에 교과서에서 사라졌지. 아쉽게도!

가 미 | 그 토폴로지라는 것은 어떤 거예요?

미치 박사 | 한마디로 말해서, 오른쪽과 같이 구불구불하게 형태가 정해지지 않은 도형으로, 당연히 유클리드 기하학의 계량 중심과는 전혀 반대의 것이지.

선분	⟶ 고무
면	⟶ 고무 막
입체	⟶ 점토 덩어리

가 미 | 감각적으로는 알지만 머릿속으로는 납득이 가지 않아요. 동료라는 거 말이에요.

후데야 | '유아나 태고적 사람들의 그림은 토폴로지적이고, 인간이 교육을 받으면 유클리드적이 된다'고 들은 적이 있어요.

가 미 | 그것은…… '인간으로서는 토폴로지 쪽이 자연'이 되겠네요. 재미있어요.

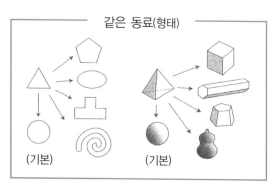

같은 동료(형태)

(기본)   (기본)

그런데 박사님, '변이나 각의 수로 구분한 유클리드'와 다른 토폴로지에서는 도형을 무엇으로 구분합니까?

미치 박사 | 아주 좋은 질문이다. 창안자인 오일러(Leonhard Euler)는 '다면체의 정리'라는 공식을 고안했네. 그것을 아래의 각 도형으로 확인해 봐.

다면체의 정리 : (꼭지점의 수)−(변의 수)+(면의 수)=2

가미 | 구를 제외하고 모두가 2가 되었네요.

하지만 구는 어떻게 세죠?

후데야 | 다면체의 정리가 0, 1이나 3이라는 것이 있는 건가요?

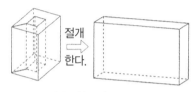

선분 두 개 늘리는 것

미치 박사 | 유클리드에서는 생각하지 않으나 토폴로지에서는 구멍 뚫린 도형을 대상으로 하고 있네. 아래 구멍이 하나인 도형의 다면체의 정리의 값을 구하면 어떻게 되지?

후데야 | 자르는 작업의 선 2로 2−2=0, 0인데요.

어떤 문제!

(1) 구(球)의 다면체의 정리 값은 어떻게 세면되는가? 또 구멍 두 개의 입체 모양의 다면체의 정리 값은 얼마라고 예상하는가?

(2) 평면 도형의 다면체의 정리 값은 몇 개가 되는가?

없는 것 같으면서 존재하는 뫼비우스의 띠와 클라인의 항아리

03

가 미 | 신축이 자유롭고, 누글누글한 입체, 혹은 구멍이 있다, 없다…… 이런 이상한 토폴로지를 무엇이라고 생각하죠?

미치 박사 | 내용도 응용도 '무한히 있다' 고 해도 과언이 아니군. 예를 들면 도형에서 구멍이 있는가, 없는가의 차이를 따져보자.

'지금 구면과 도너츠 면 위에 $A \sim E$라는 5점이 있는데, 이것을 각각 면 위에서 교차하지 않게 연결한다' 고 생각해 보게.

네트워크라 할까, 배선 문제라고도 할 수 있는데, 과연 어떨까?

가 미 | 간단한 것 같은데요. 제가 해 볼게요.

어머…… 간단하다고 생각했는데, 모두 안 되는데요.

후데야 | 구면은 안 되겠으나 도너츠 면은 뒤로 돌리면 할 수 있어요. 같은 곡면에서도 구멍 하나로 달라지는데요.

미치 박사 | 이 배선 문제를 발전시키면 여러 가지가 가능하네.

오른쪽의 같은 기호끼리 서로 교차되지 않게 선으로 연결할 때 C끼리는 어떻게 하겠는가?

가 미 | 몇 번을 해 봐도 안 돼요.

후데야 | 안 될 때는 불가능하다는 것을 증명해 보라는 말씀이죠? 저는 오른쪽과 같이 사선을 넣어 보았어요. 그러자 C는 원의 내부와 외부이기 때문에 연결할 수 없다는 것을 알 수 있었죠. 이상으로 증명 끝!

미치 박사 | 제비뽑기나 끈 마술 같은 부류도 토폴로지의

구면

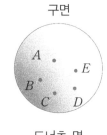

도너츠 면

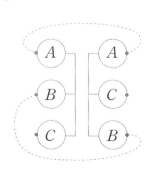

연구 범위에 포함되네. 또 유명한 지도의 색칠하기 문제나 기차, 버스의 노선, 나아가서는 관광 안내도, 미로까지 폭넓게 이용되고 있지. 일본 열도를 네모나게 그린 것도 똑같은 거라네.

후데야 | 그러고 보면 철도나 고속도로의 입체 교차로 따위도 해당되겠네요. 더욱 발전한 불가사의 도형인 '뫼비우스의 띠' '클라인의 항아리' 등이 의미하는 것은 뭐죠?

미치 박사 | 만드는 법은 아래와 같은데, 두 개 모두 19세기 독일의 수학자가 고안한 것이지.

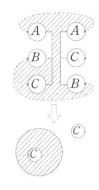

일본 지도

테이프를 한 번 비틀어서
양 끝을 맞춘다.

가는 쪽의 관을 둥글게 구부려서
양 끝을 맞춘다.

신비 여기서도 또한 놀이(퍼즐)가 도움이 되었다.

어떤 문제!

(1) 도너츠 면의 5개의 점을 맺는 도형을 나타내라. 또 오른쪽의 회로 기반의 A, B, C 각 조를 되 모양의 도형을 따라 될 수 있는 한 짧게, 또 교차하지 않도록 연결하라.

(2) 위 그림의 띠, 항아리의 특징을 말하라.

'지구는 평면'을 의심한 인류의 두 가지 기하학 창안

04

가 미 | 박사님은 전날 지중해에서 카나리아제도까지 크루징을 하셨다고 했는데, 너무 부러웠어요!

후데야 | 중세 그리스도교 시대에는 '이 세상은 평면이고, 그 서쪽 끝이 카나리아제도, 그리고 그 앞에는 폭포로 되어 있어 지옥으로 떨어진다'고 했었죠.

600년 전까지 서구에서는 '땅의 끝'

미치 박사 | 그것은 역사상 뭐라 말할 수 없는 불가사의한 얘기겠지.

기원전 6세기의 탈레스는 일식을 예언(108페이지)했고, 또 기원전 3세기의 에라토스테네스(Eratosthenes)는 지구 둘레의 길이를 계산하는 등 고대 그리스 시대에는 '지구는 둥글다'고 알고 있었는데, 중세 그리스도교 사회에서는 평면으로써 원래의 상태로 돌아갔었지.

후데야 | 15세기의 대항해 시대에는 '지구는 둥글다'고 하여 미지의 바다로 나갔던 관계로, 이윽고 **'구면 기하학'**이라는 학문이 탄생했죠.

가 미 | '지구가 둥글다'라는 것을 알면 적도에 수직으로 교차하는 경선 l 과 m은 평행이 되잖아요. 하지만 '극'에서는 교차하기 때문에 평행선이라고는 말할 수 없어요. 박사님은 어떻게 생각하세요?

미치 박사 | 지구상에서는 평행선은 한 개도 없다고 하겠지.

후데야 | '평행선이 없다'고 하면 '유클리드 기하학'은 어떻게 되는 거죠?

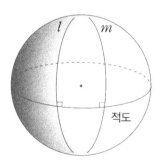

구면에서는 $l \parallel m$?

미치 박사ㅣ이 문제는 제5공리 (82페이지)의 추구에서도 일어나고 있네.

가 미ㅣ그 유명한 '**평행선의 공리**'가 흔들렸다는 건가요?

미치 박사ㅣ이 공리를 다른 것으로 바꿔 놓아도 기하학이 된다는 거야.

　　•평행선은 하나도 없다.　　•평행선은 무수히 있다.

　이들의 공리를 '**비 유클리드 기하학**'이라고 하지.

후데야ㅣ전통 있는 공리 그 자체도 변하겠군요.

미치 박사ㅣ'자명한 이치'　　　　　　'독립이다'

　　　'만인이 인정하는 것'　에서　'모순되지 않는다'　를

　　　'상식적인 사항'　　　　　　'완성 (단순) 이다'

　공리로 하는 공리주의의 새시대를 19세기에 맞았다네.

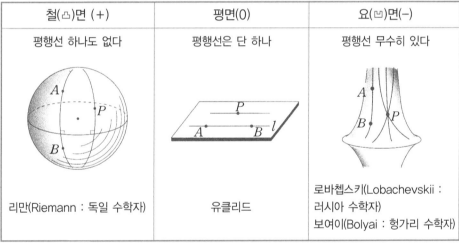

철(凸)면 (+)	평면(0)	요(凹)면(-)
평행선 하나도 없다	평행선은 단 하나	평행선 무수히 있다
리만(Riemann : 독일 수학자)	유클리드	로바쳅스키(Lobachevskii : 러시아 수학자) 보여이(Bolyai : 헝가리 수학자)

비 유클리드 기하학의 모델

주 두 점 A, B 사이의 직선이란 '면 위에서의 최단거리'로 정의된다.

어떤 문제!

(1) 구면상의 삼각형의 특징을 생각해 보자.

(2) 요(凹)면의 모델은 어떻게 만든 것인가?

세상의 불연속적인 사상과 현상에 도전하는 카타스트로프

05

후데야 | 예전에 가전제품이나 카메라, 비디오에 '퍼지(Fuzzy) 선풍'이 일면서 많은 사람들이 이것도 수학인가 하고 놀라며 수학의 신선함을 다시 되새겨 본 때가 있었죠.

가 미 | 토폴로지니 샘플링 등도 '오래어 수학'의 선구잖아요.

미치 박사 | '21세기 수학은 외래어 수학'이라는 게 내 주장이야. 또 한 가지 수학의 국제화라는 것도 있지만……

후데야 | 카타스트로프라는 말을 들었는데, 이것은 어떤 수학이죠?

미치 박사 | 1961년 서독의 본 박물관에서, 개구리가 알에서 어미가 될 때까지 형태의 이상한 변화를 견학한 프랑스의 수학자 르네 톰이 이에 흥미를 가지고 1966년부터 4년 간 동물 유전학자 등과 공동 연구를 하여, 1970년에 **'카타스토로피 이론'**을 제안한 것이 시초라네.

후데야 | '카타스트로프'란 '파국이라고 번역되고 있는데, 자연이나 생명의 현상, 사회의 사상 등의 불연속적인 사항을 토폴로지의 방법으로 해명하려고 한 것'이라고 책에 설명되어 있어요.

가 미 | 주간지 헤드 카피에 흔히 쓰는 '연애 중의 남녀 카타스트로프(파국)'와 그 의미가 똑같다고 봐도 되는 건가요?

후데야 | 불연속적인 사상과 현상이라는 것은 여러 가지 있겠죠? 실제로는 어떤 것이 연구 대상이 되고 있나요?

미치 박사 | 그러면 조금 나열해 볼까? 크게 나누어서 자연계, 생물계, 인간계라고 하면 다음 표와 같아.

가 미 | 이것을 보고 있으면 수학의 이미지가 완전히 달라지겠는데요.

흥

이제 끝장 이다.

후데야 | 학문 분야에서는 다른 분야에도 영향이 있나요?

미치 박사 | 예를 들면 생물학, 경제학, 사회학 등에서 이용되고 있지.

가 미 | 아까 토폴로지의 방법이라고 했는데, 이것은 어떤 의미예요?

미치 박사 | 한 집에 세일즈맨이 찾아와서 끈질기게 상품을 팔려고 해. 손님은 전혀 살 의사가 없는데도 '이렇게 디스카운트해 드리겠습니다' '이거 하나밖에 없습니다' 하고 손님의 마음을 사로잡으면 결국은 사고 마는 경우가 있지. 이러한 경우를 다음 도형과 같이 나타내는 것을 토폴로지 방법이라고 하네.

자연계

지진, 화산 폭발, 낙뢰, 번개, 눈사태, 해일, 빅뱅 등

생물계

곤충, 물고기, 식물의 이상 발생, 동물의 집단 이상 행동 등

인간계

전쟁 발발, 주가 폭등·폭락, 데모 집단의 소란, 친구 관계나 연애 관계에서 남녀 사이의 갑작스런 냉전이나 이별, 갑작스런 죽음 등

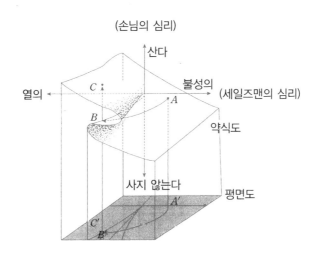

어떤 문제!

(1) 자신의 카타스트로프 경험을 생각해 보라.

(2) 위의 도형 $A \sim C$의 경과를 설명하라.

삼라만상의 불규칙한 형태를 분석한 프랙탈 이론

06

가 미 | '수학'이라고 하면, 계산은 규칙·법칙, 도형은 공리·정리, 수열 등에서는 공식 등의 규칙으로 얽혀진 학문이잖아요. 그 학문이 불규칙을 대상으로 한다는 건 어떤 의미인지 잘 모르겠어요.

후데야 | 컴퓨터의 개발과 관계가 있을 거야. 인간이 생각할 수 있는 범위에서는 불규칙으로 보여도 초능력의 컴퓨터 눈으로는 규칙성을 발견한다는 거지. 예를 들면 지진에서도 1년 동안만의 관찰로써는 아무것도 발견하지 못하지만 천 년이나 1만 년의 기간이라면 '한 주기를 가지고 있다는 것을 알 수 있다'는 것과 같은 것 아닐까?

미치 박사 | 학문으로 된 것은 미국의 하버드대학 수학 교수 베누아 만벨브로트가 1975년경에 **프랙탈 이론**을 제안하면서부터지. 그는 해안선이나 산맥 또는 구름의 형태와 같이 복잡한 형태를 다루는 기하학을 연구했는데, 이 토대가 된 것이 다음과 같은 것이네.

(1) 페아노(Giuseppe Peano : 이탈리아의 수학자)의 곡선 (이탈리아 20세기)
코흐(Helge von Koch) 곡선 (오른쪽 도형)

(2) 옛날부터 있는 '이레코(커다란 상자 안에 점점 더 작은 상자들이 있는 상자) 형(닮은꼴 형)

(3) 타일 붙이기 등.
그리고 컴퓨터에 의한 '**컴퓨터 그래픽**'.

복잡한 요철이 있는 산맥

가 미 | 다음 도형은 눈의 결정 등에서 볼 수 있는 것이네요.

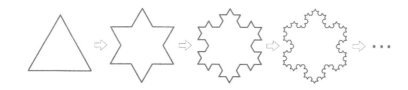

미치 박사 | 대표적인 거야. 언뜻 보기에 불규칙한 것 같지만 부분을 더 상세히 관찰하면 '닮은꼴 형으로 되어 있다'는 것이 연구의 토대가 된 것이네.

가 미 | 그렇다 해도 학교에서 '수학의 연구 대상'으로 생각하기에는…….

후데야 | 저는 오히려 이런 공부를 하고 싶은데요.

미치 박사 | 프랙탈도 변동적으로 보면 카오스로 되고, 지진학, 천문학, 생물학 등의 분야에서 응용되고 있어서 지그소 퍼즐이나 타일 붙이기, 수면에 글자나 그림을 그리는 방법 등에 이용되고 있다네.

참고 물이 든 용기에 먹물을 조금 떨어뜨린 다음, 휘젓는다.

자연계
해안선, 구름의 형태, 꾸불꾸불한 강, 눈의 결정, 산맥, 홍수의 빈도, 태양의 흑점 활동, 자연계의 잡음 등

생물계
수목의 그늘, 해초 무늬, 브라운 운동의 궤적 등

인간계
건축물, 회화, 음악 등 미에 관한 것.

정적인 것과 변동적인 것이 있다

먹물의 흐름

어떤 문제!

(1) 닮은꼴 형의 크고 작은 5개의 접시 한 세트가 있다. 제일 작은 것이 400원이고 차례로 처음의 20퍼센트 비싼 가격이다. 한 세트에 얼마인가?

(2) 타일 붙이기에서 합동인 정다각형을 사용할 때 사용할 수 있는 정다각형은 어떤 것인가?

1 139페이지

(1) 일차 함수와 같이 $\frac{1}{2}$만 예외이고, 점 P는 지름 (직선)을 그린다.

(2) 1차~4차방정식까지 푸는 공식이 있다. 하지만 5차방정식 이상은 없다. 또 원둘레상의 점과 그로 인한 부분의 수에서도 도중에 유추가 안 된다.

점	2	3	4	5	6
값	$2(2^1)$	$4(2^2)$	$8(2^3)$	?	?

2 141페이지

(1) 오른쪽 도형과 같이 면 위에 두 점을 취하고 호로 연결하면, $2-3+3=2$

구멍 두 개는 단면체의 정리 값 -2

(2) 몇 가지 예로 조사하면

$3-3+1=1$ $5-5+1=1$

3 143페이지

(1) 오른쪽 도형

오른쪽처럼 연결한다.

(배선 문제)

(2) 뫼비우스의 띠에서는 일반 종이에는 반드시 있는 '표리(앞뒤)'가 없다.

클라인의 항아리는 볼처럼 면이 닫혀져 있는데 화병처럼 물을 넣었다 뺐다 할 수 있다. (내, 외와 대립하는 두 개의 성질 공존)

4 145페이지

(1) 세 개의 내각의 합은 $180°$ 이상이 된다.

(2) 추적곡선을 y축 주위에서 1회전하여 만든다. 벨트라미(Beltrami)의 고안에 의함.(의구면)

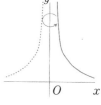

5 147페이지

(1) 최근 '갑자기 화를 내거나 분별력이 없어졌다'며 일으키는 사건이 많은데, 이것도 하나의 카타스트로프다.

(2) A는 물건을 살 마음이 없다.

B는 세일즈맨의 열의와 말에 마음이 동요된다.

C는 최후의 한마디로 결정해 버린다.

6 149페이지

(1) 400원$\times(1+1.2+1.4+1.6+1.8)$
$=2800$원

(2) 평면상의 한 점을 메우는 정다각형을 생각하면 정삼각형($120°$), 정사각형($90°$), 정육각형 ($60°$)의 세 종류.

10 Chapter

일상의 '평범한 일'에서 얻는 신비

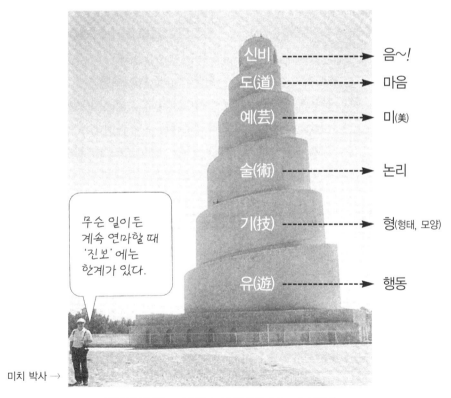

신비 ------------> 음~!

도(道) ------------> 마음

예(芸) ------------> 미(美)

술(術) ------------> 논리

기(技) ------------> 형(형태, 모양)

유(遊) ------------> 행동

무슨 일이든 계속 연마할 때 '진보'에는 한계가 있다.

미치 박사 →

천국에의 길 – 이라크 사마라에 있는 '나선탑'

— 여행 중의 사진 —

151

트월러즈의 화려한 바통이 만드는 면적

01

후데야 | 일전에 체육대회 때 '바통 트월러즈'의
화려한 공연을 보았는데, 멋졌어요.

가 미 | 미니 스커트를 입은 여자아이에게 넋을
잃은 게 아니고?

후데야 | 사람 어떻게 보고 그런 소리하는 거야?
엄연히 '바통이 1미터였다면 바통의 중앙
을 잡고 1회전했을 때 그 원의 면적은 얼마
일까' 하고 생각하고 있었다고.

원의 면적은 0.785㎡

미치 박사 | 음, 상당히 좋은 착상이군. 그것을 발전시켜 볼까?
바통을 바꿔 잡아도 상관없다는 전제하에 바통 1회전이 만드는 면적을 최소로 할
것을 생각해 보자고.

후데야 | 면적을 점점 작게 생각해 볼 수 있을 것 같아요. 실은 어떤 책을 참고로 한 것이
지만……

명칭	뢸로(Franz Reuleaux)의 삼각형	정삼각형	엔사이클로
형			
면적(㎡)	0.704	0.577	0.3925
(주) 145페이지의 면의 삼각형	철(凸)면(볼록)	평면	요(凹)면(오목)

참고 한 변이 1미터의 정삼각형에서는 면적은 0.433이 된다.

미치 박사 ㅣ 조사 잘했군. 실은 좀 더 면적을 작게 할 수가 있다네. 그것은 '자동차를 차고
에 넣기' 처럼 조금씩 들어갔다 나왔다 하며, 바퉁을 1회전시키면 극히 적은 면적이
되지.

가 미 ㅣ 그런데 '뢸로의 삼각형' 이란 어떤 거예요?

미치 박사 ㅣ 그건 좀 어려워. 만드는 법과 성질은 삼각형 AB
C의 세 정점을 중심으로 하여, 한 변의 길이를 반지름으
로 하는 원의 $\overset{\frown}{AB}, \overset{\frown}{BC}, \overset{\frown}{CA}$에 의해 만들어지는 **계란형**
의 선을 말하거든.

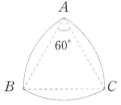

(정폭곡선)

이것은 삼각형의 변과 같은 길이의 변을 갖는 정사각형
에 내접하면서 회전한다.

(정폭곡선 내의 최소 면적)

정사각형 안의
뢸로의 삼각형

가 미 ㅣ 재미있는 모양이네요.

후데야 ㅣ 아, 생각났다! 이 정사각형에 내접하면서 회전하는 성질을 이용하여 정사각형의
구멍을 뚫는 드릴을 만들 수 있겠군요.

가 미 ㅣ 말도 안 되는 소리. 회전체는 전부 원이 되잖아.

미치 박사 ㅣ 아니, 뢸로의 삼각형을 이용하여 오른쪽과 같은
드릴(단면도)을 만들어서 회전시키면 정사각형의 구멍을
뚫을 수 있는 거다.

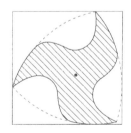

후데야 ㅣ 이거야말로 굉장한 신비네요!

어떤 문제!

(1) 뢸로의 오각형은 존재한다고 생각하는가?

(2) 정폭도형의 장점을 말하라.

넓은 운동장에 관련된 45° 신비의 각

02

미치 박사 │ 지금까지 일상생활에서 생각해
볼 수 있는 '평범한 일' 몇 가지를 계산
해 보았네. (오른쪽)
가까이 있는 것에 눈을 돌려 그것을 추
구해 나가면 뜻하지 않은 발견을 하게 되지.
'수학적 발견' 은 의외로 그런 곳에 있는 법이거든.

• 책을 편다	(103페이지)
• 상자 채우기	(104페이지)
• 알고 있는 영어 단어 수	(135페이지)

후데야 │ 그래서 이번에는 바통 트월러즈의 이야기에서 힌트를 얻어서 운동, 스포츠와 관
계된 것을 살펴보죠?

가 미 │ 박사님은 스포츠라기보다 무력으로 상대와 대결을 하는 쪽이니까 자료를 많이 가
지고 있겠죠?

미치 박사 │ 검도, 궁도 등 '무도' 는 좋아하지만, 무력으로 상대와 대결하는 그런 무서운
쪽은 아냐. '도' 를 추구하는 건전한 신사라고.

후데야 │ 일본도로 대나무를 자르는 것을 텔레비전에서 가끔 보지만, 자르는 각도가 대체
로 45°인 것 같아요.

미치 박사 │ 30°～60°가 좋긴한데, 이상적인 것은 45°.
수평에 가까우면 대나무가 튀고 ⎫
가파른 각도는 미끄러져서 ⎭ 모두 잘라지지 않아.
나도 '도장' 에서 해 보았지만 발까지 자를 것 같
아 겁이 나더라고. 5단 이상인 자만 시도 할 수 있
다고 하더군.

후데야 │ 그러고 보니 포 사격 전문가도 대포의 탄도 계
산을 연구했다고 해요.

가 미 | 맞아요. 생각났는데, 오스만 제국이 동 로마

제국의 수도 콘스탄티노플의 난공불락인 3층

성벽을 파괴하여 멸망시킨 것(1453년)은 지상

전쟁에서 처음 대포가 사용되었을 때였죠. (118

페이지 참조)

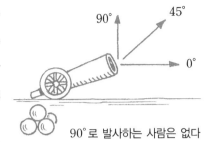

90°로 발사하는 사람은 없다

미치 박사 | 이후의 전쟁은 대포의 좋고 나쁨으로 결

정 났는데, 다음의 수학이 발전시켰지.

①얼마나 멀리 날아갈 것인가. (탄도 연구 ⇒ 미분)

②얼마나 정확히 적진까지의 거리를 측정하는가. (삼각법)

후데야 | 대포의 탄환은 45°방향이 제일 멀리 날아가요.

그 밖에 45°로 이용하는 것이 여러 가지로 있는데…….

치다 던지다 높이의 측정
야구, 골프 창 던지기, 포환 던지기 (나무의 높이)=(그림자의 길이)

미치 박사 | 45°의 신비스러움은 '요트의 돛의 각도'가 아

닌가 하네. 45°로 하면 바람 부는 방향으로 나아간다

고 하지.

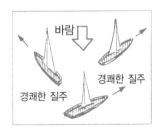

바람

경쾌한 질주

경쾌한 질주

어떤 문제!

(1) 삼각비의 $\sin 45°$, $\cos 45°$, $\tan 45°$의 값을 구하라.

(2) E. T와의 미래 통신에서는 각의 크기의 단위를 '도'가 아니라 '라디안(각도의 단위)'으로 하는 것이

좋다고 한다. 이때 $180°=\pi$가 되는데, 45°는 몇 라디안이 되는가?

고대 그리스, 중국에서 패러독스로 '날아가는 화살'

03

가 미 | 박사님, 무슨 좋은 일 있으세요?

미치 박사 | 오늘 오전에 궁도장에 갔었는데 화살 적중이 잘되어 궁도장에서 울려 주는 경쾌한 소리가 아직도 귀에 남아 있다네.

후데야 | 궁도는 잘 맞는 때가 있고 그렇지 않을 때가 있는데, 기복이 상당히 심한 것 같아요.

미치 박사 | 보통 스포츠와 달라서 혼자서 하는 '자신과의 싸움'이기 때문이지. 고단자인 사람도 바이오리듬이 있거든.

28m 전방에 있는 지름 36cm의 '표적'

가 미 | 그런데 '궁시(활과 화살)'는 인간이 멀리서 적을 공격하는 무기로써 최초로 고안한 것인데, 꽤 오래됐죠? 처음에는 사냥감을 잡기 위해서인데, 나중에는 부족간의 싸움에 무기로 사용됐잖아요.

후데야 | 저는 '화살'이라고 하면, **'제논의 역설'**이 생각나요. 제논은 이탈리아 남부에서 일어난 **엘레아 학파**의 수제자잖아요. 기원전 5세기경으로, 엘레아 남쪽에 위치한 크로토네에서는 **피타고라스 학파**가 활약했었고요.

가 미 | 보통 나는 거라면 커브니, 드롭이니 포크니 하는 변화구나 포물선을 그린다는 곡선이 대부분이잖아요. '화살'은 짧은 거리에서는 직선적이고요. 그런데 비뚤어진 패러독스의 대상으로 취급하면…… 좀 불쌍하네요.

4개의 역설

① 아킬레스와 거북
② 이분법
③ 비시부동
④ 경기장

(주)무한, 연속, 분할, 운동, 변화, 시간 등에 관한 모순을 유도해 낸 논법.

후데야 | 문학 소녀는 너무 정서적인 생각만 하는군. 어쨌든…… '제논의 역설' 중에서 '비시부동' 의 의미를 생각해 보았는데, '날아가는 화살은 순간, 공중에서 위치를 차지하고 있다. 그것이 움직이는 이유는 뭘까?' 하는 거죠.

미치 박사 | 재미있는 것은 같은 시대에 중국에서도 이 문제에 대해 제기한 적이 있었지. '제자백가' 중에 '도가' 로, 노자의 제자 장자가 쓴 「천하 편」 제7장 15, 16항에

'나는 새의 그림자는 움직이지 않는다'

'나는 화살에도 나가지도 않고 멈추지도 않는 순간이 있다'

등이 나오는데, 마치 '운동의 부정' 으로 제논의 것과 비슷하지 않나 생각하네.

가 미 | '순간' 이 입버릇처럼 나오는 것 같아요.

미치 박사 | '시간' 이라고 하는 두 개의 시각 사이에서, 그 사이가 0일 때 '순간' 이라고 하는데, 그러면 0이 있을 수 있을까?

오늘은 '순간' 이라는 것의 신비로 끝마치자고.

어떤 문제!

(1) 일상생활에서 어떤 경우에 '순간' 을 생각하는가?

(2) 위의 「천하 편」 제8장 21항에 '한 자의 채찍을 매일 반씩 나누면 영원히 다하지 않는다' 는 말이 있다. '제논의 역설' 과 비슷한 것은 어떤 것인가?

04

미치 박사 | 자, 다음의 스포츠는 사이클링이다.
리본을 감은 자전거 바퀴가 1회전하는
것을 옆에서 보았을 때, 이 리본은 어떤
선을 그릴까?

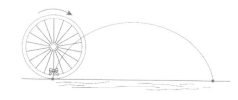

가 미 | 포물선 같은 모양이오.

후데야 | 실의 양 끝을 잡고 약간 늘어뜨렸을 때 나타나는 거꾸로 된 곡선 모양을 그려요.

미치 박사 | 후데야가 말하는 모양은 현수선(실의 양 끝을 고정시키고 가운데를 늘어지게 했을 때
실이 이루는 곡선)이라고 하여, 썰물과 밀물이 소용
돌이 치며 돌 때 그리는 곡선, 즉 포물선에 가깝지
만…… 이 바퀴의 경우는 **사이클로이드**(파선)라고
하는 것이네.

후데야 | 이 곡선에 뭔가 이상한 성질이나 특징이 있나
요?

미치 박사 | 여러 가지가 있지.
가장 빠른 강하 곡선이라고 하여, 오른쪽과 같이
공을 떨어뜨렸을 때 가장 빠르게 떨어지는 곡선을
말하네. 큰 절의 지붕이 이러한 곡선으로 이루어
진 것은 비가 스며들지 않도록 빗물을 빨리 떨어
뜨리기 위해 고안된 것이지.

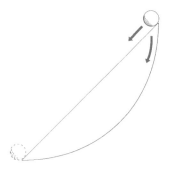

가장 빠른 강하 곡선

후데야 | 옛날 사람들이 좋은 구조와 기능을 연구한 것
들이 수학적, 물리적인 이론과 일치한다는 거군
요. 성을 둘러싼 해자 둑의 곡선이 지수곡선에 가
까운 것도 마찬가지죠?

큰 지붕의 사이클로이드

가 미 | 에펠탑도 지수곡선이잖아요.

미치 박사 | 톱니바퀴의 톱니의 일부에 이 사이클로이드가 사용되고 있는 것을 알고 있나?

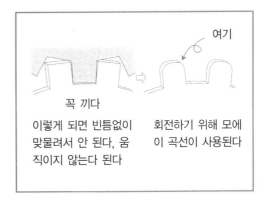

여기

꼭 끼다

이렇게 되면 빈틈없이 맞물려서 안 된다, 움 직이지 않는다 된다

회전하기 위해 모에 이 곡선이 사용된다

가 미 | 듣고 보니, 모퉁이가 둥글게 되었던 것 같아요. 또 있나요?

미치 박사 | 고속도로의 졸기 방지용으로 도로를 일직선으로 하지 않고 일부러 완만히 굽은 **클로소이드**(Clothoid) **곡선**을 사용하고 있는데, 그 부분이 사이클로이드라고 하는 것이지.

후데야 | 야, 정말 놀랍다. 상당히 유용한 거네요.

미치 박사 | 이 곡선에는 다음과 같이 재미있는 성질을 갖고 있네.

①아치의 길이는 원래의 원에 외접하는 정사각형의 둘레와 같다.

②아치에 의해 생기는 면적은 원래의 원의 면적의 3배.

증명은 어렵기 때문에 생략하는데, 이것 역시 신비롭다.

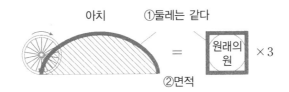

아치　　　①둘레는 같다

＝　　원래의 원 　×3

②면적

어떤 문제!

(1) 자전거 바퀴의 안쪽에 리본을 달고 1회전하면 어떤 곡선을 그리는가?

(2) 정사각형의 둘레 바깥쪽을 따라서 작은 원을 그렸을 때 그 원의 중심이 그리는 선을 작도하라.

자동차의 바퀴와 휠의 불가사의한 관계

05

후데야 | 자전거 다음으로는 자동차인가요? 자동차라고 하면 스피드!!

가 미 | 고속도로에서는 '과속 사고'가 많잖아요.

미치 박사 | 독일의 '아우토반'은 속도 무제한이기 때문에 150킬로미터 이상으로 쏜살같이 달리고 있지. 하지만 사고 역시 다반사라더군.

속도 측정 확인 기점

가 미 | 이 사진은 뭐예요?

미치 박사 | 고속도로 변에 있던 것으로, '확인 기점' 0m에서 50m, 100m 표지가 서 있었는데 자신이 운전하고 있는 차의 속도를 측정하도록 한 모양이야. 버스 안이라 사진 찍기가 곤란했어. 획 지나가서…….

후데야 | 저는 전부터 불가사의하게 생각하고 있는 것이 있어요. 고속도로에서 '속도 위반 단속' 하는 것인데, 고작 100미터 정도의 거리에서 측정하고는 '당신은 시속 100킬로미터로 달리고 있습니다. 제한 속도 80킬로미터에서 20킬로미터 넘어셨기 때문에 속도 위반입니다' 하고 경찰관이 아버지에게 말하는 것을 들은 적이 있어요.

가 미 | 속도 측정은 '순간의 속도'를 재는 거잖아요.

후데야 | 알고는 있지만 역시 납득할 수 없는 것이 있어요. '시속이 아니라 초속으로 말해!' 하는 것이죠.

미치 박사 | 자동차의 퍼즐에 패러독스로 유명한 것이 있네.

후데야 | 'AB 사이를 왕복할 경우, 갈 때는 시속 40km, 돌아올 때는 60km였다. 이 차의 평균 시속은 얼마인가' 라는 거 잖습니까? 전 그렇게 걸리지 않는데…….

가 미 | 평균 50km가 아닌가요?

미치 박사 | 역시 쉽게 생각하는 사람이 있군.

그런데 자동차의 타이어가 A에서 한 바퀴 돌았을 때 당연히 휠도 한 바퀴 돌지만, 큰 원(타이어)과 작은 원(휠)과는 원둘레의 길이가 다른데, 이 둘은 같은 장소 B까지 오고 있는 거야. 이것은 '큰 원의 둘레와 작은 원의 둘레는 같다' 는 것이지.

가 미 | 아이고, 머리 아파라. 점점 복잡해지고 있어요.

후데야 | 이건 일상적인 것인데도, 저도 생각해 본적이 없어요. 정말로 이상한데…….

어떻게 설명해야 되죠?

미치 박사 | 아무튼 둘이서 차분히 생각해 보도록. 그런데 이때 두 개의 사이클로이드를 그려 보면 위의 도형 중 아래 것처럼 되네. 이 도형이 힌트가 될 거야.

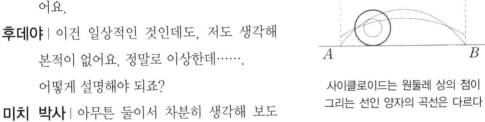

타이어가 나아간 만큼 휠도 나아간다

사이클로이드는 원둘레 상의 점이 그리는 선인 양자의 곡선은 다르다

어떤 문제!

(1) 가미가 말한 평균 속도의 문제에서 잘못된 것을 지적하라.

(2) 위의 타이어와 휠의 길이의 관계를 설명하라.

쉽고 어려운 문제라고 하는 세일즈맨 방문

06

미치 박사 | 최근에는 물자 수송이나 본점과 각 지점의 유대관계 등을 위해 컴퓨터의 배선 등으로 **네트워크**를 이루고 있는데, 사실 이것이 큰 문제화되면서 풀어야 할 당면 과제가 되고 있네.

후데야 | 제2차 세계대전 때 탄생한 새로운 수학 '오퍼레이션즈 리서치($O.R$)' 중의 하나죠? 최근에 수학 영역에 포함된 것 말이에요.

미치 박사 | 아니, 기본적인 것은 이미 에도 시대의 퍼즐에도 나왔었네. '물건 줍기'가 그거네.

물건 줍기

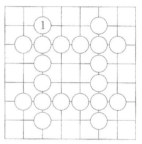

가 미 | 그거 알고 있어요. 바둑판에 나열되어 있는 몇 개의 바둑알 전부를 선을 따라 줍는 거예요. 다만 되돌아오거나 돌을 넘어서는 안 된다는 퍼즐이잖아요.

미치 박사 | 잘 알고 있군. 그러면 이 우물 정자(#) 모양의 것(오른쪽 도형)을 풀어 보게. (독자도 도전해 보도록.)

후데야 | '물건 줍기'도 네트워크의 문제인가요? 최근에는 어떤 문제가 있습니까?

미치 박사 | '세일즈맨 방문 문제'라는 것이 있네. '한 세일즈맨이 오른쪽에 그려진 20채의 집을 길을 따라 전부 방문해야 한다'고 가정할 때 어떻게 하면 좋겠나?

세일즈맨 방문 문제

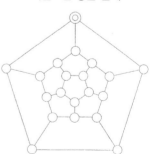

가 미 | 재미있을 거 같은데요. 신문 배달이나 우유 배달 혹은 우체부들의 현실 문제이기도 하겠네요.

후데야 | 수학자는 뭐든지 세상의 문제를 수학으로 풀려고 하는군요. 생각하는 것을 좋아해서인가 봐요.

- 쾨니히스베르크(칼리니그라드)의 '7개 다리 건너기 문제'
- 인쇄소가 곤란해 하는 복잡한 지도 구분하여 인쇄하기 '4색 문제'

아무튼 여러 가지 있어요.

미치 박사 | 이 '세일즈맨 방문 문제'는 컴퓨터의 발전과도 관계가 깊지만, 기본적으로는 '조합 최적화 문제'의 대표적인 예로써 열심히 연구되고 있다네. ('배낭 문제'☆도 포함된다')

후데야 | 세일즈맨이 많은 도시를 한 번씩 돌아서 원래 있던 도시로 되돌아왔을 때, 최단거리로 다녀올 수 있는 방법의 문제군요.

미치 박사 | 50개 도시의 경우, 생각할 수 있는 경로는 '10의 천 제곱'이라는 막대한 것이기 때문에 초고속의 컴퓨터로 해답을 얻는다 해도 상당한 시간이 걸리네. 그 결과 「근사 해법」이 고안되었다'고 하여 그것이 최근에 화제가 되고 있는데,

그 방법은

- 부분을 확대하면 전체와 같은 구조가 나타나는 '프랙탈'의 생각
- 원자학에서의 '셈에 넣는' 사고 방식의 응용

등에 의해 세부적으로 얽매이지 않고 전체를 대충 파악하는 것이라고 하지. 나도 잘 모르기 때문에 그렇다는 것 뿐이야.

가 미 | 박사님도 흥미는 있지만 손 드시는 거예요?

신비 퍼즐이 놀랍게도 초실용적인 문제 해결에 유용하다.

참고 ☆ '배낭 문제'란 여러 가지 모양으로 된 많은 물건을 요령 있게 배낭에 채워 넣는 방법.

어떤 문제!

(1) '물건 줍기'에서 ①부터 시작하여 전부 체크해 보라.

(2) 세일즈맨 방문 문제에서 ◎에서 시작하여 20채의 집을 방문하는 순서를 표시하라.

1 153페이지

(1) 존재한다. 일반적으로 정$(2n-1)$각형이 만들어진다.

(2) ① 수하물 보관함이나 자동판매기에서 원(동전)과 똑같이 사용할 수 있다.

   ② 무거운 것을 운반하는 굴림대(보통은 통나무)로 사용할 수 있다.

2 155페이지

(1) $sin45° = cos45°$
$= \dfrac{1}{\sqrt{2}}$
$tan45° = 1$

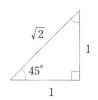

(2) $180° = \pi$

이기 때문에

$180° \div 45° = 4$

$\therefore 45° = \dfrac{\pi}{4}$ 라디안

(주) 1라디안≒57°18′

반지름
1라디안

'도(度)'의 60진법은 지구상만의 단위로, $E.T.$ 세계와는 통용되지 않는다.

3 157페이지

(1) 반짝 빛난 순간.

눈을 뗀 순간.

(2) 이분법 (한 길이를 절반, 절반…어디까지나 계속할 수 있다)

4 159페이지

(1) 오른쪽 위 도형의 곡선으로 된다. (내점 사이클로이드)

(2) 코너 (모퉁이)가 문제가 된다.

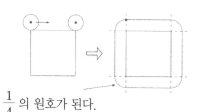

$\dfrac{1}{4}$ 의 원호가 된다.

5 161페이지

(1) AB사이를 a km라고 하면, 왕복 각각 사용한 시간은

갈 때 $\dfrac{a}{40}$ 시간, 돌아올 때 $\dfrac{a}{60}$ 시간

∴ 왕복 평균 속도는

$$\frac{2a}{\dfrac{a}{40} + \dfrac{a}{60}} = \frac{2a}{\dfrac{3a+2a}{120}} = \frac{240a}{5a}$$

$=48$(km/시간)

(2) 휠은 미끄러지면서 회전하고 있으며, 그것이 보이지 않는 것뿐이다.(미끄러지며 움직이고 있다)

6 163페이지

(1)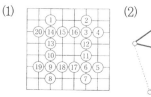

(2)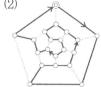

모두 다른 해법이 있다.

11 Chapter '속임수'의 패러독스 묘기와 꿰뚫어보는 신비

01

가 미 | 일본인은 융통성이 없고 고지식한 것 같아도 제법 멋이나 유머를 가지고 있어요. 에도 시대의 풍속화와 풍자와 익살을 담은 단가, 풍자나 익살이 특색인 짧은 시 그리고 가면극, 막간에 상연하는 희극, 만담 등에 많이 표현되고 있죠.

후데야 | '산수의 세계'도 퍼즐 형태로 상당히 발달해 있어.

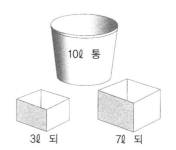

미치 박사 | 쥐의 산술이나 새의 산술도 마찬가지지만 재미있는 것은 '기름 나누기 산술(끈기와 시행착오 능력을 키우는 계산)'이네. 문제를 지금의 단위로 하면, '10l 나무통의 기름을 3l 되와 7l 되를 사용해서 5l를 만들어 내라'라는 것이 있네.

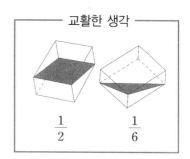

교활한 생각

$\dfrac{1}{2}$ $\dfrac{1}{6}$

후데야 | 저 풀어 본 적이 있어요. 3개의 되를 사용해서 몇 번이고 여기 넣었다, 저기 넣었다 하면서 8번 정도 했거든요.

가 미 | 저 같으면 두 개의 되에 기름을 비스듬히 넣고 (위 삽화 왼쪽)

$1.5l + 3.5l = 5l$. 두 번이면 끝나겠는데요.

미치 박사 | 머리 좋은 걸. 하지만 그것은 룰 위반이야. 그런데 그 비스듬히 담는 지혜를 최대한 발휘하면 오른쪽의 되로 1~20l를 잴 수 있네.

시도해 보자

어떤 문제!

오른쪽 되로서 몇 가지 종류를 잴 수 있는가?

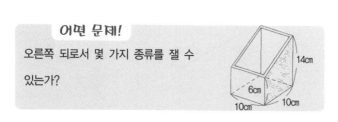

(위의 교활한 생각을 사용하면 1l 단위로 잴 수 있다.)

'할 수 있을 것 같은데 할 수 없다.' 그러나 할 수 있는 '각의 3등분'

02

후데야 | 고대 그리스에서 '작도 3대 난문'이라는 것이 있었다면서요. 그런데 '임의의 각의 3등분'이 제일 유명하다고 하던데…….

미치 박사 | 오른쪽 도형에서는 $3\angle P = \angle ROB$가 되기 때문에, 그 역에서 간단하다고 생각했지.

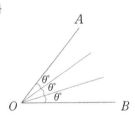

후데야 | 역을 더듬어 가도 안 되나요?

미치 박사 | 안 됐어. 결국 3등분의 작도 불가능이 증명된 거야. 약간 까다롭지만 다음의 증명이 그것이네.

작도 불가능의 증명

지금 임의의 각의 크기를 3θ라고 하면, 3등분된 한 각 θ의 작도는 $cos\theta$를 작도하는 것과 같다. 그래서 $cos3\theta$가

$cos3\theta = 4cos^3\theta - 3cos\theta$ 에서

$4cos^3\theta - 3cos\theta = a$

여기서 $cos\theta = x$ 라고 하면, 위의 식은 $4x^3 - 3x - a = 0$

이 식은 3차방정식이기 때문에 자, 컴퍼스로 풀 수 없다.

가 미 | 작도 불가능이라는 것도 있어요?

미치 박사 | 아직도 '가능했다'고 하는 사람이 있지만 말이야.

　　오른쪽 기구를 사용한다면 가능하지.

　　주 작도 조건은 자, 컴퍼스의 정해진 회수 사용.

반원이 달린 T 자

어떤 문제!

오른쪽 도구로 임의의 각을 3등분하라.

(주) 고대 그리스에서는 그 모양에 따라 '구노몬(해시계)'(22페이지)이라고 불렀다.

하나의 무한 계산식에서 '답이 3개' 있는 기괴함

03

미치 박사 | 그런데 두 사람은 다음 계산의 답이 몇 개라 생각하는가?

$$1-2+4-8+16-32+64-\cdots\cdots$$

후데야 | 수가 점점 커지니까 답은 ∞겠죠.

가 미 | 어머! 두 개씩을 한 조로 하면 마이너스 쪽의 수가 크니까 저는 $-\infty$가 된다고 생각해요.

미치 박사 | 그런데 다음과 같이 생각하면 답이 세 개가 나온다는 것을 알 수 있을 것이네.

해법과 답

답을 S라고 하면

(1) $S=1-2+4-8+16-32+64-\cdots\cdots$

　　$S=1-2(1-2+4-8+16-32+64-\cdots\cdots)$

　　$\therefore\ S=1-2S$　　$\therefore\ 3S=1$　　$S=\dfrac{1}{3}$

(2) $S=(1+4+16+64+\cdots\cdots)-(2+8+32+\cdots\cdots)$

　　$=(1+4+16+64+\cdots\cdots)-2(1+4+16+\cdots\cdots)$

　　$=-(1+4+16+64+\cdots\cdots)=\ -\infty$

(3) $S=1+(-2+4)+(-8+16)+(-32+64)+\cdots\cdots$

　　$=1+2+8+32+\cdots\cdots=\infty$

따라서
답은 $\dfrac{1}{3}$, $-\infty$, ∞

가 미 | 수학에서 답은 반드시 하나잖아요. 어떤 것이 맞는 거죠?

미치 박사 | 모두 맞아. '무한의 계산'에서는 유한 때처럼 괄호를 사용하거나 답이 있다고 가정하는 것은 규칙 위반이야.

신비 '수학의 규칙'이 중요하다는 것을 알 필요가 있음!

어떤 문제!

규칙을 무시하고 계산하면 아래 식의 답도 세 종류가 된다. 구하라.

$$1-1+1-1+1-1+1-\cdots\cdots$$

○□△의 불가사의한 매력과 기묘한 입체

04

후데야 | 도로 표지판을 보면 둥근 것, 네모, 세모가 있어……

가 미 | 갑자기 무슨 소리하나 했더니……. 그건 도형의 기본이
며, 우리가 흔히 접하는 도형들이잖아.

미치 박사 | 19세기 프랑스의 유명한 화가 세잔느는 이런 명언
을 기술하고 있네.

'자연은 원기둥, 원뿔, 구(球)로 구성되어 있다.'

가 미 | 그것은 평면으로 생각하면 둥근 것, 네모, 세모라는 거
죠? 자연의 원점인가요?

미치 박사 | 그런데 여기서 두 사람에게 질문 하나 하지.

원기둥을 잘라서 그것을

위에서 보면 둥근 것┐

앞에서 보면 네모 ┝ 가 되도록 해 보게.

옆에서 보면 세모┘

감자나 무를 잘라서 시험해 봐도 좋아.

도로 표지판

투영도(생약)

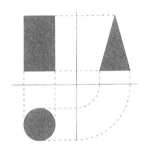

어떤 문제!

(1) 오른쪽 위의 둥근 것, 네모, 세모의 약식도를 그려라.

(2) 정육면체를 하나의 면으로 자를 때 그 단면에 어떤 평면 도형이
생기는가?

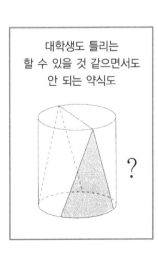

대학생도 틀리는
할 수 있을 것 같으면서도
안 되는 약식도

?

무한한데 유한을 갖는 '눈송이곡선'

05

미치 박사 | 무한의 불가사의는 앞에서 계산식 (168페이지)으로 했는데, '수학의 세계'에서 는 신출귀몰해서 가끔 등장하네. 페아노 곡선이나 코흐의 '눈의 결정' (148페이지)을 다시 생각하여, 이 곡선에서 발전시키면 길이는 무한한데 면적은 유한이라는 괴이 한 형태가 되지.

후데야 | 그런 모순된 것이 세상에 있나요?

가 미 | 이것은 저의 세계에서는 생각할 수 없는 것이네요.

미치 박사 | 두 사람이 무슨 말을 하든 그것을 증명해 보이면 될 게 아닌가. 다음과 같이 설명할 수 있네.

길이가 무한, 면적 유한의 증명

길이 : 처음의 정삼각형의 각 변을 1이라고 하면

P_1의 둘레는 3,

P_2의 둘레는 $\frac{1}{3} \times 6 - \frac{1}{3} \times 3 = 1$ 늘어서 3+1

P_3의 둘레는 다시 $\frac{1}{3}$ 늘어서 $3+1+\frac{4}{3}$

P_4의 둘레는 $3+1+\frac{4}{3}+(\frac{4}{3})^2$

......

따라서 무한 급수의 합 $3+1+\frac{4}{3}+(\frac{4}{3})^2+(\frac{4}{3})^3+(\frac{4}{3})^4+\cdots\cdots=\infty$

면적 : 아무리 변이 늘어도 정삼각형의 외접하는 원 안에 들어가 있기 때문에 **면적** 은 유한.

어떤 문제!

$\frac{1}{2}+\frac{1}{4}+\frac{1}{8}+\frac{1}{16}+\cdots\cdots$는 식은 무한해도 답은 유한하다는 것을 나타내라.

마지막 신비의 문제는 ???

06

미치 박사 | 드디어 제66항, 마지막 문제라고 생각하니 허탈하군.

후데야 | 아직 재미있는 문제가 많이 남아 있나요.

미치 박사 | 그럼! 하지만 내가 중학 시절에 불가사의하게 생각한 원기둥과 원뿔의 비스듬한 단면 문제 하나만 제시할까 하네.

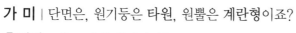

가 미 | 단면은, 원기둥은 **타원**, 원뿔은 **계란형**이죠?

후데야 | 왜 그렇게 생각하지?

가 미 | 원뿔은 아래가 넓잖아요.

미치 박사 | 수업에서도 의견이 둘로 갈라졌었는데, 정답은 타원이야. 다만 그 증명이 좀 어렵지.

(증명 1) 투영도에 의한다.

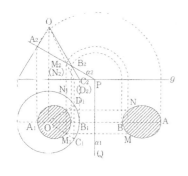

(증명 2) 작도에 의한다.

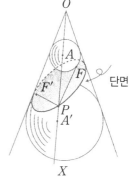

단면에 접하는 크고 작은 구를 생각하고, 만나는 점을 F, F'라고 한다. 지금 두 구의 공통 접선 OX에서 구의 접점을 A, A', 단면의 둘레와의 만나는 점을 P라고 하면

$$\begin{cases} PF = PA & \cdots① \\ PF' = PA' & \cdots② \end{cases}$$

①+②에서 $PF + PF' = PA + PA'$
$$= AA' \ (\text{일정함})$$

단면의 도형에는 두 개의 초점 F, F'가 있기 때문에 타원.

어떤 문제!

원뿔을 자른 단면으로써, 그 밖에 어떤 것들이 있는가?

1 166페이지

옆으로 하거나, 기울이거나 비스듬하게 하여 다섯 종류.

2 167페이지

우선
$OB \parallel l$ 가 되는
l을 긋고 자를 도
안처럼 댄다.

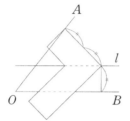

(참고) '작도의 3대 난문'

기원전 4세기경에 생각한 작도 문제.

① 임의의 각의 3등분 (각의 3등분 문제)

② 정육면체의 2배가 되는 부피의 정육면체
   작도 (입방배적 문제)

③ 원의 면적과 같은 정사각형의 작도 (원적 문제)

3 168페이지

① $(1-1)+(1-1)+(1-1)+\cdots\cdots$
    $=0+0+0+\cdots\cdots=0$

② $S=1-1+1-1+1-1+1-\cdots\cdots$
    $=1-(1-1+1-1+1-1+\cdots\cdots)$
    $=1-0$ $\parallel$
    $=1$ $S=0$

③ 위에서 $S=1-S$
   따라서 $2S=1$
   $\therefore S=\dfrac{1}{2}$

4 169페이지

(1) 약식도는 오른쪽 도형.

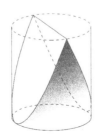

정면에서 보면 단면은 포물선이 된다.

(2) 정삼각형, 이등변삼각형, 정사각형, 직사각형, 마름모, 평행사변형, (정)5각형, (정)육각형 등

5 170페이지

$\dfrac{1}{2}+\dfrac{1}{4}+\dfrac{1}{8}+\dfrac{1}{16}+\cdots\cdots$
$=(\dfrac{1}{2})^1+(\dfrac{1}{2})^2+(\dfrac{1}{2})^3+(\dfrac{1}{2})^4+\cdots\cdots$

라는 무한 급수이기 때문에

공식 $S=\dfrac{a}{1-r}\,(a=\dfrac{1}{2},\ r=\dfrac{1}{2})$

에서 $S=\dfrac{\dfrac{1}{2}}{1-\dfrac{1}{2}}=1$

오른쪽 도형에서 직관적으로 합이 1이 된다는 것을 알 수 있다.

[참고]

벨트라미의 의구면 (150페이지)의 추적곡선도 무한이지만 그 회전체의 부피는 유한.

6 171페이지

원, 쌍곡선, 포물선.

이른바 원뿔 곡선이 된다.

후기

신비, 신비, 신비……

이 책에서는 처음부터 끝까지 '신비'의 글자가 난무하고 있다. 뭔가 '신과 관련'되어 있는 것 같지만 저자는 무종교다. 이 책에서 아니, 수학계에서 말하고 있는 신은 초인간의 존재에 대해서이며, 특정한 것이 아니다.

수학은 철학을 제외한 다른 모든 학문과 달라서 직접 구체적인 것을 대상으로 해서가 아니라 추상의 세계에서 사고를 진행해 나아간다. 그 때문에 수학자가 종종 입에 담는 '신의 창조물'이라는 감상을 갖는데, 그것은 당연하다 할 것이다. (수학을 '무용지물'로써 공부한 마음이 거기에 있다)

'수학을 싫어한다'는 것을 자칭하는 사람들도 초, 중, 고교 시절에 한두 번 머리에 번뜩 떠오르는 것이 있어 자신도 모르게 '됐다!' 하고 소리 지르며 '자신도 재능이 있는 것일까' 하고 생각한 경험이 있을 것이다.

이 번뜩 떠오르는 것은 일종의 '신의 계시'라 해도 과언이 아닐 것이다.

이렇게 생각하게 되면 수학을 공부하는 것은 그 학력의 고저와는 관계없이 '신비를 느끼는 것'이라 말할 수 있지 않을까?

수학을 배우는 것은 여러 가지 영역, 분야, 방법이 있으나 이 책은 그중에서도 '가장 수학다움 =「음~ 하고 감동, 감격하는 내용」'을 주로 다룸으로써 「이것이 수학이다!」를 맛보도록 구성한 것이다. 이것으로

- 수학을 좋아하는 사람은 신이 나서 마음이 들뜨고 흥분했을 것이다.
- 수학이 그저 그런 사람으로서 수학의 큰 매력을 하나 알고
- 수학 싫어하는 사람은 어떤 개안을 했으리라 사료된다.

교과서나 수험 수학에서는 배우지 않았던 다른 수학의 일면을 알고, 수학에 대한 이해를 깊게 했다면 저자는 대단히 기쁜 마음 금지 못할 것이다.

저자 소개

나카다 노리오

도쿄 고등사범학교 수학과와 도쿄교육대학 교육학과 졸업했다. (현 츠쿠바대학)

도쿄대학 교육학부 부속 중학, 고교 교사, 도쿄대학, 츠쿠바대학 전기통신대학에서 강사를 엮임했으며, 사이타마대학 교육학부 교수와 사이타마대학 부속 중학에서 교장으로 지냈다. 현재 '사회수학' 학자이며, 수학 여행 작가로서 활동하고 있다. '일본 수학교육학회' 명예 회원이다.

NHK텔레비전 '중학생 수학' (25년 간), NHK종합 텔레비전 '어떤 문제 Q 텔레비전' (1년 6개월), '낮의 선물' (1주 간), 문화방송 라디오 '수학 조키' (6개월 간), NHK '라디오 담화실' (5일 간), '라디오 심야편' '마음의 시대' (2회) 등에 출연했다.

주요 저서

「재미있는 확률」「인간 사회와 수학 Ⅰ, Ⅱ」「수학 이야기」「수학 트릭」「무한의 불가사의」「만화 이야기 수학사」「산수 퍼즐 '문제 내기'」「번뜩이는 퍼즐 (상, 하)」「수학 로망 기행 1~3」, 「수학의 도레미파 1~10」, 「수학 미스터리 1~5」, 「재미있는 사회 수학 1~5」「퍼즐로 배우는 21세기의 상식 수학 1~3」, 「수업에서 가르쳐 주었으면 했던 수학 1~5」「치매 방지와 '지적 능력 향상'! 수학 쾌락 퍼즐」「수학 툴 탐방 시리즈 (전8권)」 등이 있으며, 40여 권이 한국, 대만, 홍콩, 프랑스 등에서 번역 출판되었다.

선생님이 가르쳐주지 않는
재미있는 수학

2007년 10월 20일 1판 1쇄 인쇄
2007년 10월 25일 1판 1쇄 발행

지은이 | 나카다 노리오
옮긴이 | 홍영의
기 획 | 김정재
마케팅 | 홍의식
진 행 | 하명호
펴낸이 | 하중해

펴낸곳 | 동해출판
등 록 | 제302-2006-48호
주 소 | 경기도 고양시 일산동구 장항1동 621-32호
전 화 | 031)906-3426
팩 스 | 031)906-3427
e-mail dhbooks96@hanmail.net

ISBN 978-89-7080-166-7